The Pursuit of Happiness

幸福要练习

每个人都需要的幸福实现指南

[美]戴维·迈尔斯 著　颜雅琴 译

台海出版社

北京市版权局著作权合同登记号：图字 01-2023-1643

Copyright © 1992 by The David G. and Carol P. Myers Charitable Foundation.Simplified Chinese translation copyright © 2017 by Beijing Xiron Culture Group Co., Ltd. All rights reserved.

图书在版编目（CIP）数据

幸福要练习 /（美）戴维·迈尔斯著；颜雅琴译. -- 北京：台海出版社, 2023.5

书名原文：The Pursuit of Happiness: Discovering the Pathway to Fulfillment, Well-Being, and Enduring Personal Joy

ISBN 978-7-5168-3532-6

Ⅰ.①幸… Ⅱ.①戴…②颜… Ⅲ.①幸福—通俗读物 Ⅳ.① B82-49

中国国家版本馆 CIP 数据核字 (2023) 第 079607 号

幸福要练习

著　　者：[美]戴维·迈尔斯　　译　者：颜雅琴
出 版 人：蔡　旭　　　　　　　责任编辑：王慧敏
出版发行：台海出版社
地　　址：北京市东城区景山东街 20 号　邮政编码：100009
电　　话：010-64041652（发行、邮购）
传　　真：010-84045799（总编室）
网　　址：www.taimeng.org.cn/thcbs/default.htm
E - mail：thcbs@126.com

经　　销：全国各地新华书店
印　　刷：三河市中晟雅豪印务有限公司
本书如有破损、缺页、装订错误，请与本社联系调换

开　　本：880 毫米 ×1230 毫米　　1/32
字　　数：177 千字　　　　　　　印　张：7
版　　次：2023 年 5 月第 1 版　　 印　次：2023 年 6 月第 1 次印刷
书　　号：ISBN 978-7-5168-3532-6

定　　价：52.00 元

版权所有　翻印必究

感恩霍普学院社区

感恩25年来与学生、同事们共度的幸福岁月事情应该力求简单，但不能过于简单。
——阿尔伯特·爱因斯坦

致谢

首先，我要感谢启发本书写作的研究人员。他们的作品让我相信，这些发现具有重大意义，值得引起更广泛的关注。本书建立在世界上一些学者的成果基础之上，包括密歇根大学的罗纳德·英格尔哈特（Ronald Inglehart）、法兰克·安德鲁（Frank Andrews）、兰迪·拉森（Randy Larsen）和已故的安格斯·坎贝尔（Angus Campbell），伊利诺伊大学的埃德·迪勒纳（Ed Dilener）及其同事，盖洛普公司的小乔治·盖洛普（George Gallup, Jr.），牛津大学的迈克尔·阿盖尔（Michael Argyle），鹿特丹伊拉斯穆斯大学的鲁特·范霍温（Ruut Veenhoven），亚利桑那大学的安德鲁·格里利（Andrew Greeley），得克萨斯大学的诺佛尔·格伦（Norval Glenn），圭尔夫大学的亚历克斯·米查洛斯（Alex Michalos），加利福尼亚大学的罗伯特·埃蒙斯（Robert Emmons），曼海姆大学的戴维斯（Davis）、诺伯特·施瓦茨（Norbert Schwarz）和费利茨·斯特劳克（Fritz Strack），宾夕法尼亚大学的马丁·塞利格曼（Martin Seligman），加州大学洛杉矶分校的谢利·泰勒（Shelley Taylor），墨尔本大学的布鲁斯·海迪（Bruce Headey）、亚利桑那州立大学的威廉·斯托克（William Stock）和莫里斯·奥肯（Morris Okun）、多伦多大学的乔纳森·弗雷德曼（Jonathan Freedman）、芝加哥大学的米哈里·契克森米哈赖（Mihaly Csikszentmihalyi）和汤姆·史密斯（Tom Smith）、史密斯学院的费伊·克罗斯比（Faye Crosby），奥塔哥大学已故的理查德·坎曼（Richard Kammann），以及本书注释中的成百上千位研究者。

虽然本书参考了大量前人研究，但仍属于个人创作，他们中的任何一位可能都不会完全同意我的观点，也无须对此负责。尽管如此，荣誉仍然属于每一位先行者。没有他们的开拓性探索，这本书就不可能存在。

我还要感谢几位朋友的好意和批评。丹尼斯·沃斯基尔（Dennis Voskuil）和华莱士·沃斯基尔（Wallace Voskuil）敦促我相信，别人可能和我一样，也会对幸福感的新研究着迷。还要特别感谢我的妻子卡罗尔，感谢她提供的明智建议；感谢女儿劳拉，她朗读了我手稿的部分内容，给我带来了很多启发；感谢莱斯·比奇（Les Beach）、威廉·布朗森（William Brownson）、马克斯·德·普里（Max De Pree）、简·迪基（Jane Dickie）、约翰·海塞林克（John Hesselink）、查尔斯·赫塔尔（Charles Huttar）、克里斯·凯泽（Chris Kaiser）、汤姆·路德维格（Tom Ludwig）、彼得·沙克尔（Peter Schakel）、约翰·塔佩特（John Tapert）和梅罗德·韦斯特法尔（Merold Westphal）的创意和鼓励；感谢艾莉森·赫斯汀（Alison Husting）和苏珊·利普塞特（Suzanne Lipsett）帮我将材料转换成适合普通观众的形式；感谢金·邦迪（Kim Bundy）、梅丽莎·约翰逊（Melissa Johnson）

和道恩·卢卡斯（Dawn Luchies）帮助我追踪信息；感谢菲利斯·范德维尔德（Phyllis Vandervelde）对注释和参考书目的辛勤修改；感谢我的同事和朋友，诗人杰克·里德尔（Jack Ridl），再次指引了我的写作方向。

我还要感谢经纪人约翰·布罗克曼（John Brockman）对这本书的信任，感谢编辑玛丽亚·瓜纳舍利（Maria Guarnaschelli）细心、坦诚和支持性的指导，感谢凯西·安特里姆（Kathy Antrim）在准备出版最终手稿时给予的细致帮助。

最后，我要向成千上万人致敬，这本书映照了他们的人生经历。通过慷慨地与研究人员分享生活中的事件和情感，我为大家提供了一个更清晰的视角，让大家知道要获得持久的幸福，应该做些什么，不应该做些什么。

关于此书

越来越多、越来越多、越来越多心理学书籍致力于分析痛苦，讨论如何解除痛苦。心理学产生的前一百年内，对消极情绪（抑郁、焦虑、压力）的研究远远超过了对积极情绪的研究。因此，心理学教科书（我对这一领域比较了解，也写过若干本书）充斥着痛苦，而非欢乐。

现在，情况发生了变化。感谢新时代的研究者，给古老的难题提供了全新的视角：什么是幸福？如何获得幸福？在1979年的《心理学摘要》（*Psychological Abstracts*）中，有关"幸福""生活满意度"或"福祉"的文章只有150篇。到了1989年，这一数量暴增到了780篇。本书将描述截至目前的发现，尽管最新的研究也无法提供通往幸福的捷径，但却照亮了寻找幸福的道路。站在追寻人类幸福的科学家肩上，我们可以尝试眺望追寻个体幸福的方法。

从心理学角度研究幸福是科学的新进展，而探索幸福之谜的理论却源远流长。古希腊哲学家曾深深思考过幸福之谜。他们的答案是：幸福源自从容的人生和睿智的思考。"世界上没有幸福的愚人，也没有不幸的智者。"古罗马政治家西塞罗（Cicero, 106—43

B.C.）如此回应道。对于古希腊哲学家和西塞罗，生命中的愉悦主要在于心灵，而非身体。要得到幸福，就必须宁静生活，超越俗世的欲望和物质财富。

思考幸福之时，伊壁鸠鲁派（Epicurean）和斯多葛派（Stoic）哲学家奏响了不同的曲调。伊壁鸠鲁（Epicurus, 342—270 B.C.）认为，幸福来自人生中简单、可持续的愉悦，比如心灵的安宁平静。他认为，智者对过去心怀感激，享受当下的快乐，对无尽的未来一无所惧。而斯多葛学派认为，与其说幸福是享受简单的快乐，不如说是获得高尚的态度——拥有分辨善恶、厘清恐惧与否的智慧，并懂得如何控制欲望。与其垂涎他人，不如接受自己的处境。现在看来，这些古希腊人确实很酷，很有头脑。

此后，数百上千年来，针对幸福这一主题，各位圣贤提出了形形色色的观点。他们告诉我们，幸福来自高尚生活，也来自远离邪恶；来自理解真相，也来自拒绝幻觉；来自克制，也来自清除自己被压抑的愤怒和痛苦。他们还告诉我们，幸福来自活在当下，也来自活在未来；来自让他人幸福，也来自享受敌人的痛苦；来自与他人共处，也来自独自生活。这一清单还可以继续列下去，但为了去伪存真，是时候开展进一步的深入研究了。

接下来，我们来讲讲研究幸福的新兴科学吧。长期以来，人们一直通过研究饮食、死亡率、财富和住所来观测自己的生理健康状况。北美、欧洲及其他国家、地区的心理学家和社会学家不再探索"客观的幸福"如何测量，而开始关注"主观的幸福"——也就是幸福感，即对于生活的满意程度。首要的问题是：什么样的经历、环境、特质和态度能帮人们获得幸福？什么又会阻碍人们获得幸福？简而言之，谁会获得幸福？怎么获得？

就像所有写过或读过"如何获得幸福"书籍的人一样，社会学者对幸福之谜也有自己的直觉答案。为了检验他们的直觉，也就是从各种看似合理的答案中，筛选出真正能影响幸福的因素，幸福研究者做了两件事。一方面，他们对大数据样本进行调查；另一方面，他们也做了许多实验。

为了调查不同人群的经验和情绪，研究者需要随机选取样本，确保每个研究对象被抽中的机会都是一样的。想象一下，有一个巨大的谷仓，里面有6000万颗白色的豆子和4000万颗绿色的豆子，它们被均匀地混合在一起。我们用一把铲子，随机铲出1500颗豆子，里面应该会有60%的白豆和40%的绿豆，误差为2%～3%。对人群进行抽样也是如此，随机抽样的1500个人可以代表1亿人的基本状态，误差处于可以接受的水平。

除了代表性随机抽样，另一种常用的替代方式是任意抽样。那些不相信谨慎调查结果的人，可能会基于自己的直觉选择对熟人进行任意抽样。比起自己进行的非正式调查，他们往往会更质疑系统调查的结果。与之类似的例子是雪儿·海蒂（Shere Hite）的《女性与爱情》调查，基于非代表性抽样的10万名美国妇女，对她们进行邮件调查，得到的回复率为4.5%。这一样本的代表性值得质疑，不仅因为回邮件是妇女的自我选择，也因为最初联系上的妇女都是女性组织成员。尽管如此，海蒂认为，"有4500个人参与，对我来说已经足够了"。

显然，这对《时代周刊》也够用了，海蒂的发现登上了杂志封面。她提出，在结婚五年以上的女性中有70%存在外遇，95%感觉在情感上受到丈夫的侵扰。那些欣然接受这一观点的人似乎并不在意，在其他宣传力度不那么强的调查中，通过对美国妇女样本进行调查，发现的生活满意度远高于海蒂的调查，具体而言：半数以上的妇女感到婚姻"很幸福"或"完全满意"，只有3%的人认为自己"完全不幸福"，有10%的人表示自己在现存婚姻中有外遇行为。

我们可以通过任意抽样（观察云层，用手指感受风力）来谈论天气，也可以看天气预报来了解天气，后者是通过综合报告得出的结果。我们也可以通过直觉、经验智慧和任意抽样来描述人们的经验。然而，如果要形成人类整体的经验、态度的准确图像，唯一的方法就是代表性抽样调查。

有了这样的调查，我们才能汇总出人们自我报告的幸福感，也能回答许多有趣的问题。如果你想要预测一个人能否获得幸福，需要知道些什么呢？这个人是年轻还是年老？男性还是女性？外向还是内向？幸福与什么相关？健康、财富、人际关系、职业抑或心灵？

对这些问题的回答，能够显现幸福的成因，表明如果我们想要变得更愉悦，应该做些什么。然而，如果要厘清因果关系，还需要由社会学家进行社会面**实验**。要测量几种可能的影响因素，科学家会设置两组人，其他因素都保持一致，唯一的差异只在这个需测量的因素。

那么，**播放积极信息刺激阈下听觉**，能让我们更幸福（或者能帮我们戒烟、学习或提高性兴趣）吗？为了得出结论，研究者可以将人们随机分配为两组，让一组人听音乐，其中嵌入了相关的阈下信息，另一组则听没有特殊信息的音乐。由于阈下信息无法进入意识，被试都不知道自己听的是哪种信息（相关实验的结果详见第5章）。

或者，想想看：财富能让人更幸福吗？改变期望和比较点能让人更幸福吗？躺在沙滩上休息一天能让人更幸福吗？心理治疗能让人更幸福吗？要回答这些问题，需要随机分配人群，让一部分人体验相关因素，另一部分人则不体验，从而进行对比。

显然，有些情况可能无法使用实验法，比如说，要研究婚姻与幸福的关系，理论上可以随机安排一部分人结婚，另一部分人终身不婚——但可能不会有志愿者参加这样的研究。所以，我们只能尽力去寻找婚姻与幸福之间的复杂联系，进而得出可信结论。

在探索幸福这一新的科学主题之前，有必要厘清一些不可回避的问题。

聚焦个人幸福是不是太自私了？幸福真的是我们的终极追求吗？约翰·穆勒（John Stuart Mill）不这样认为，他说："宁为痛苦的苏格拉底，不当幸福的动物。"

佛罗里达的心理学家迈克尔·福代斯（Michael Fordyce）常年教学、研究幸福，为了帮助人们评价幸福的重要性，他提出了一种心理测试法。其一，你可以获得最高梦想中的名誉和财富，但是并不幸福；其二，你终日忙碌，所得只有生活的必需品，但却很愉快。以上两种生活，你想要哪一种？

约翰·穆勒可能是对的，幸福不是，或不应该是我们的终极目标。但当我们将幸福与其他目标相对比——健康强壮、社会尊重、高收入等——大部分人都会选择幸福。事实上，我们始终致力于追寻幸福、解除痛苦，这种需求会导致一系列行为，包括追逐成功、性乃至自杀。

亚里士多德（Aristotle，384—322 B.C.）也是如此认为。他提出了"幸福是至善"的观点，引导古希腊人对幸福的哲学思考：幸福如此重要，以至于其他一切都只是获得它的手段而已。幸福如此重要,美国将《独立宣言》(*The Declaration of Independence*)的基础——人权,建构在追寻幸福的基础之上。幸福如此重要,哲学家、心理学家威廉·詹姆斯(William James)认为:"不论在哪个时代,获取、保持、重得幸福,是绝大部分人的秘密动机。"

那么,这种对幸福的追寻值得吗?有没有自我放纵的意味?当罗马陷入熊熊大火时,这些幸福的人会得意地笑吗?

荷兰心理学家鲁特·范霍温升华了对幸福相关因素的研究。研究者选取了幸福/不幸福的人,研究他们的自我报告、行为和同伴评定,结果发现,特别关注自我的不是幸福的人,而是那些失去亲人或抑郁的人。处于悲伤情绪的人(研究者请他们想象了令人抑郁的情况)报告的痛苦程度,是较少自我关注、处于幸福情绪的人的两倍。抑郁的人更可能昏昏欲睡、自责式沉思、社交退缩,甚至怀有敌意。在某些方面,这是健康的。就像生理疼痛一样,心理疼痛是一种对危险、威胁和失去的预警。痛苦蕴含理智,疯狂产生出路。消极情绪表示整体状况不太好,激励人们不断反思、重新评估,而不是像无忧无虑的幸福之人那样随意做出判断。然而,认为"别人针对自己"的假设并不完全是错误的,抑郁的人很难在身边找到快乐。痛苦的人或许会喜爱别人的陪伴,但别人却不喜欢痛苦。尽管一开始,配偶、同事会对抑郁者寄予同情和支持,但时间长了之后,他们也会疲于应付那些绝望、疲惫和抱怨。

反之,幸福的人精力充沛、果断、灵活、富有创造力且善于交际。与不幸福的人相比,他们更愿意相信别人,更愿意爱别人,也更愿意给予别人回应。举个例子,面试官在回忆求职者的表现时,幸福的人会记得更多积极的行为,给的评分也会更高。如果先给参与调查者一份小礼物(他们会因此产生短期的幸福感),再请他们评价自己的汽车、电视机的性能，会发现他们的评价会高于其他没收到礼物的人。

幸福的人能容忍更多的失败。他们不粗暴对待他人，并且对他人也更宽容。不管是暂时性还是长期性的幸福，都会让人充满爱意，更仁慈，更不容易夸大或过度解释轻微的批评。与眼前利益相比，他们会选择长期利益。两幅画摆在面前，一幅是幸福的画面（人们欢笑、玩耍），另一幅则是悲伤的画面（葬礼、灾难），他们会花更长时间看前者。悲伤的人更容易关注生活的阴暗面，相对不喜欢快乐的人、故事、电影和音乐。

多个实验之后，人们发现，幸福的人更乐于助人。这就是所谓的"自己感觉好才会做好事"，感觉自己成功的人更愿意教导别人。在电话亭里捡到钱的人更愿意帮别人捡掉落的纸。通过听喜剧集而激发了愉快情绪的人，更愿意借钱给别人。罗伯特·勃朗宁（Robert Browning）提出："哦，让我们幸福，幸福让我们变好！"

证据仍在不断积累，正如谚语所言："喜乐的心，乃是良药。忧伤的灵，使骨枯干。"情绪也属于生理事件。与抑郁的时候相比，幸福时，我们的免疫系统抗击疾病的能力会更强大。抑郁时，特定的抗击疾病的细胞数量会下降。因此，应激状态中的动物，处于压力之中或抑郁的人，都更容易生病。

人类的幸福既是目标（希望自己生活充实、愉快），也是达成更充满关怀、更健康的社会的手段。正如海伦·凯勒（Helen Keller）所写："幸福如同圣火，温暖我们的目标，照亮我们的智慧。"既然如此，是时候思考了，幸福不只停留在生理和物质层面，更重要的是内心的福祉。

通过经验，我们可以知道，有关幸福的不同观点，会肯定我们文化中一些根深蒂固的价值观，也会对一部分传统价值观提出挑战。这种批判性分析能帮助我们重新评估自己的优先级，也能帮助我们恢复一部分人类共同的价值观。所以，要确认特定的价值观，我们的目标不是创造新事物，而是进行报告。如果说，报告"积累财富的物质主义、自我中心的个人主义不会带来人们期望中的幸福"是一种"自由"，那么，我们所报告的人类经验就蕴含了自由主义。如果说，报告"活跃的精神和亲密的关系（如婚姻）有助于幸福"是"保守"的，那么，与其说是我们的总结"保守"，不如说是我们所报告的反应很"保守"。

虽然我们社会学者很追求客观，但事实是，毫无价值判断的客观是不存在的。为了追求真实，我们会追随自己的直觉、偏见和内心的声音。究竟应该报告什么？如何报告？感情会以各种方式微妙地牵引着我们做出决定。写这本书是一种乐趣，因为它既结合了科学研究与大众出版，也结合了客观事实与价值观。

我个人的兴趣首先在于心理学的实证（科学）传统。作为一个研究取向的社会心理学家（主要研究人类如何看待、影响他人，如何与彼此建立关系），我不太相信逸事、证词、鼓舞人心的公告或传统智慧。我们会发现，从这些资源中开创的"流行心理学"有时是对的，但具有代表性的调查和谨慎的实验会证实它们有时是错的。

严谨的研究不需要保持冷酷，也不需要剥除感情。充满学术探索性的研究工作，也可以充满乐趣和人文关怀。尽管本书的独特之处在于，所有观点都基于科学研究，但我会将这些结论与真实人生联系在一起。什么人会获得幸福？他们如何获得？寻找这些问题的答案时，我会停下来思考，哪些答案对我们的日常生活更有意义。

虽然我知道，科学家不是以虔诚著称的职业，但我个人的情感早已被宗教的价值观和精神染上色彩。实证主义者的怀疑精神与基督教信仰汇聚于我身上，这种组合虽然听起来有些奇怪，我却觉得很有趣。因为，缺失科学的信仰会拒绝新的理解，而缺失信仰的科学难以获得深入理解。

这也是一种传统的组合方式。弗朗西斯·培根（Francis Bacon）、伊萨克·牛顿（Isaac Newton）和其他现代科学奠基者都认为科学家必须谦卑地将自己的思想交给实证验证，接受大自然反馈的任何结果。这也是一种大胆假设和脚踏实地的结合。对于很多事物，我都不会视之为理所当然，而我的力量来自希望感（正如我所在机构的名称——霍普学院）[1]。

我知道自己无法拥有幸福之谜的终极答案——有关幸福的科学研究刚刚起步，本书只是针对前期探索的暂时性报告——我希望读者不会感觉被按着头同意书中的结论。事实上，我更希望读者能加入我们，加入对幸福的未竟研究。如果科学家们提出的启示，以及我对这些启示的反思，能激起读者诸君的思考，想想如何能在自己的人生中找到更深的意义和满足感，以及人类如何共同建设一个更幸福的世界，我写这本书的目标就实现了。

---

[1] 作者就职于霍普学院（Hope College），也可以译为"希望学院"。——译者注

目录
CONTENTS

第 一 章

坏习惯不是你的敌人

人类有多幸福？　004
人们在说谎吗？　006

第 二 章

财富与幸福

富裕国家的人民会更幸福吗？　015
在同一个国家，最富裕的人也是最幸福的吗？　017
财富增加了，幸福感也会随之提高吗？　022

第三章

满足的心灵

适应水平：幸福是相对过去经验而产生的 034

社会比较：幸福与他人成就有关 041

管理我们的期望与比较 047

第四章

幸福的人口学统计

一生中的幸福 054

性别与幸福 066

第五章

重新编码心灵

精神力量 077

踏火行 079

阈下录音 082

催眠 088

第六章

幸福者的特质

自尊：幸福的人喜欢自己　099
自我控制感：幸福的人相信是自己选择了命运　105
乐观：幸福的人充满希望　108
外向性：幸福的人更外向　111
由行动开启新的思维方式　114

第七章

工作和游戏中的"心流"

什么样的工作令人满意？　124
休息和REST　133

第八章

友情因素

亲密友谊与健康　141
亲密关系和幸福　143

第九章

爱情与婚姻

婚姻与幸福　156
婚姻濒临触礁吗？　159
人生起落和爱情　169
谁会获得幸福的婚姻？　172

第十章

信仰、希望和欢乐

信仰和幸福　186
信仰提供了什么　189

结语　200

第一章

坏习惯不是你的敌人

*

如果一个人认为自己幸福,他就足够幸福了。

——德·拉·费耶特夫人(Mme De La Fayette),给吉尔·梅纳日(Gilles Menage)的信

社会学家能历数罪行，能测量记忆，也能评估智力。但我们应如何判断一个人有多幸福？能以人们的言语为准吗？有没有测量幸福的温度计？

　　如果我们将幸福视为一种东西，比如将其等同于富裕、成功、健康——我们完全有办法测量它。然而，就像德·拉·费耶特夫人所说，社会学家将幸福视为一种心理状态。为了强调这一点，幸福有时又被称为"主观幸福感"，是一种认为生活整体不错的感受。人生际遇起起伏伏，一个人可能昨天体验高峰，今天愉快平静，明天艰难困窘，然而，在不同的境遇中，他都有可能感到幸福。幸福是一种持续存在的感受，是充实的、有意义的和愉快的。有些人体验为愉悦——不是短暂的快感，而是深刻、持久的感受，也就是说，尽管遭遇了艰难困苦，仍然相信人生整体或未来是好的。哪怕表面惊涛骇浪，内核仍然不动如山。

　　为了探查人们的幸福感，研究者请他们报告自己的感受（幸福或不幸），以及对自己人生是否满意。幸福和生活满意度十分相似，只有些许微妙的差异，就像橘子和橙子一样。**感觉**自己幸福的人，通常也会对生活满意。

有时候，研究者会用一个简单的问题考察人们的幸福感。想象一下，你是成千上万美国人民中的一位，某天接受了密歇根大学和芝加哥大学调查研究组的访谈，他们问："整体而言，你觉得这些天过得怎么样？很幸福，还不错或是不太好？"或者是"整体而言，你对这些天来自己的生活满意吗？非常满意、满意、不太满意还是完全不满意？"

有时候，研究者会用多个问题来综合考察人们的幸福感。例如，芝加哥大学研究者诺曼·布拉德伯恩（Norman Bradburn）试图分开测量人们的积极情绪和消极情绪。

以下问题有关积极情绪：

在过去的几周里，你是否曾感到：

特别激动或对某些事物特别感兴趣？
因为有人表扬你做的某件事而感到骄傲？
因为完成某件事而满意？
开心到了极点？
一切如你所愿？

以下问题有关消极情绪：

在过去的几周里，你是否曾感到：

坐立不安，以至于无法长时间坐着？
非常孤独，或者与世隔绝？
无聊烦闷？

抑郁或非常不快乐？

因为有人批评你而沮丧？

你经历了多少种积极情绪？消极情绪呢？

要定义幸福，心理学家可能会用每时每刻的积极情绪减去每时每刻的消极情绪，也可能是通过计算积极与消极情绪的比例。布拉德伯恩的问卷提供了一个快速的自我测评方法。

人类有多幸福？

"我们并非为幸福而生。"早在1776年，塞缪尔·约翰逊（Samuel Johnson）就预测到了如今的主流观点。在1930年出版的书籍《幸福之路》(*The Conquest of Happiness*)中，哲学家伯特兰·罗素（Bertrand Russell）提出大多数人都**不幸福**，那些写下追寻幸福的暖心书籍的作者，往往终日都在为不幸者提供咨询。《你幸福吗？》(*Are You Happy?*)的作者丹尼斯·沃利（Dennis Wholey）写到，他采访过的专家们认为大约有20%的美国人是幸福的。心理学家阿奇伯·哈特（Archibald Hart）在《获得幸福的15项原则》(*15 Principles for Achieving Happiness*)中回应："我很惊讶！我原以为比例远远达不到20%！"在《幸福是内心的工作》(*Happiness is an Inside Job*)中，神父约翰·鲍威尔（John Powell）同意了这种说法："三分之一的美国人每天醒来都很抑郁。

专家估计只有10%～15%的美国人认为自己真的幸福。"我的心理学研究伙伴米哈里·契克森米哈赖也曾写过："真正幸福的人寥若晨星。"精神病学家托马斯·沙什（Thomas Szasz）曾这样推测："幸福是一种想象中的状态。从前，生者认为死者幸福，如今，往往是大人认为孩子幸福，孩子认为大人幸福。"

然而，当问到世界各地的人是否幸福时，人们描绘了一幅乐观得多的画面。例如，在美国国家调查中，三分之一的美国人认为自己很幸福。十分之一的人表示自己"不太幸福"。剩下的大多数人则认为自己"还算幸福"。

大多数人对自己的生活比较满意。80%以上的人认为自己满意的地方超过不满意的地方。有不到十分之一的人认为自己不满意的地方超过满意的地方。此外，四分之三的人认为自己在过去几周内，曾经感到兴奋、骄傲或愉快；不到三分之一的人说自己曾感到孤独、烦闷或抑郁。

密歇根大学的研究者换了一种方式来研究人们的幸福感，在美国国家层面抽样，请大家用非言语的方式表达自己的感受："下面有一些表情，表达了不同的感受。哪个表情最接近你对自己整个人生的感受？"

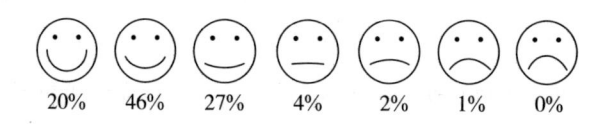

20%　46%　27%　4%　2%　1%　0%

结果是大多数人认为自己感到幸福。

在西欧，不同国家的人幸福感各不相同。超过40%的荷兰人认为自己很幸福，而在葡萄牙，只有不到10%的人这样认为。整体而言，欧洲人报告的幸福感低于北美人，但他们的评价通常也比较积极。80%的欧洲人认为自己对日常生活"比较"或"非常"满意。

人们在说谎吗？

我们能相信这些整体乐观的自我描述吗？有人可能会质疑。西格蒙德·弗洛伊德（Sigmund Freud）认为，我们会通过压抑痛苦的感受来欺骗自己。玛莎，一位忠诚的43岁的女性，得知自己的医生丈夫有了外遇。她回忆："我微笑着，紧紧攥着我的购物卡，前往商场，骗自己说他今天只是在'工作加班'。"人们是否也会像玛莎一样，在欣然拥抱压迫自己的系统时，仍然**说**自己是幸福的？

然而，对于幸福研究者而言，幸福是一种心理状态。后面的章节将会写到，与其说幸福取决于客观环境，不如说它取决于我们对外在环境的反应。心理学研究者乔纳森·弗里德曼写道："如果你感觉幸福，那就是幸福——这就是我们的意思。"进一步说，如果你自己都没有告诉别人你是否幸福、是否痛苦，那么，谁能代你发言呢？想象一下，你感觉很幸福，对生活很满意，非常感恩能生活在这个美妙的世界，并且将这一想法告诉了别人，而对方说："抱歉，你这是在自欺欺人，其实你过得很痛苦。"你不觉得很古怪吗？或者说，想象一下，你感觉很抑郁，心烦意乱，但没有人相信你。你会觉得这些人太傲慢吗？他们甚至觉得比你自己更清晰、准确地了解你的感受！当然，参与这些研究的人也会对研究人员拒绝相信他们的体验感到困惑。

既然每个人都是评判自己经历的最佳法官,我们能相信大家都是坦率真诚的吗?人们的自我报告确实易受以下两种偏见的影响,这两种偏见对真实性都有一定限制,但不会消除它。

第一种偏见是社会赞许倾向。人们往往倾向于自我报告好的事情。自我报告的选票率(根据调查)低于实际选票率,自我报告的吸烟者低于实际烟草售卖情况,自我报告的逃税率也低于实际情况。如果人们不确定如何评价自己,往往会往好的一面去说。虽然我的学生都听说过消极思维可能造成自我破坏,他们也很惊讶地得知,大部分人都体验过玛格丽特·马特林(Margaret Matlin)和大卫·斯坦格(David Stang)提出的波莉安娜综合征(Pollyanna syndrome)[1]。大量研究发现,人们更容易感知、记忆和交流美好的信息,积极思维往往会占据上风。

举个例子,罗格斯大学研究者尼尔·温斯坦(Neil Weinstein)报告称,大学生往往对未来有着"不切实际的乐观"。他们认为自己远比其他同学更可能找到好工作,拿到高薪水,顺利买房,远比其他同学更不容易离婚、罹患癌症或被解雇。本书第6章将具体讨论这种意见,其实这种乐观主义大体上是健康的。如果我们相信未来只会发生好事,可能会活得更积极大胆(虽然也可能会让我们陷入真实的风险,如交通事故、艾滋病和心脏病等)。

---

[1] 波莉安娜(Pollyanna)是爱莲娜·霍奇曼·波特(Eleanor H. Porter)小说中的主角。她非常乐观,每次都能从发生的不好的事情中发现好的方面。像波莉安娜一样,有这种综合征的人都表现非常乐观,认为不管碰上什么倒霉事,最后都能有好结果。但心理学家认为这种乐观不太现实,有时甚至可能有害。——译者注

另一个例子：进入大学时，只有2%的学生认为，如果出现了一个非常好的机会，他们会选择退学（哪怕只是暂时休学）。但我们知道，剩下98%的人往往是不切实际的乐观主义者。进入四年制学院或大学之后，只有大约一半的学生能成功在五年内毕业。而出于这样或那样的原因，另一半想成功毕业的梦想熄灭了。

因此，大家会质疑，参与调查的波莉安娜综合征人群（大部分人都是），回答可能会往好的一面偏移。这也有助于解释为什么特定指标（如抑郁或婚姻失败率）绘制了一幅不那么美妙的图景，后面的章节将具体分析这一问题。不过，如果说每个人都有那么一点波莉安娜综合征，那所有研究中的答案都靠不住了。如果医院体温计读出的数字统一高了10摄氏度，还是可以对比体温的相对高低的。同样，我们可以统一降低人们自我报告的幸福指数（比如说，统一降低20%），仍然可以假设"幸福体温计"作为相对量表是有效的。要找到什么人最幸福，以及他们幸福的原因，我们只需要假设，说自己是"非常幸福"或"完全满意"的人，比说自己"不幸福"或"不满意"的人幸福，就可以了。

第二种偏见是人们的暂时性情绪。如果处在乐观情绪中——不管是通过催眠还是日常生活事件（比如国家队在世界杯中夺冠），人们看待世界都会带上一层玫瑰色的滤镜。这些人会觉得自己有能力，有效率，受人关注，生活整体良好。雨季之后，哪怕只是一个晴天都会提升人们的幸福指数。反之，情绪的阴霾笼罩大地时，人们看待万事万物也可能蒙上阴影。记忆也可能随情绪而发生改变。

从某种意义上说，抑郁的成人相当于心情不好的孩子，后者常会想起父母拒绝、惩罚自己，以及因他们而内疚的情形。英奇是一位患有间歇性抑郁的年轻女性，她代表那些了解心境障碍的痛苦的人发言。抑郁症就像戴着墨镜看待生活："我的所有想法都变得消极、悲观。每当回顾往事，我觉得做过的每一件事都没意义。所有快乐的时候都像是幻觉。成就、成功就像西方电影中的美丽外表一样虚假。"抑郁症痊愈之后，他们所描述的父母和从未抑郁过的人一样积极。"在抑郁情绪中，我最喜欢的冰激凌都食之无味。"拉夫说，"在积极情绪中，万事万物看起来都十分可喜。"治疗师认为：患者对其可怕童年的回忆可能同时取决于他们当前的情绪和真实的童年经历，二者的比重基本五五开。

我们可能同意这种说法。不过，有趣的是，不管在积极还是消极的情绪中，我们都坚持认为，自己的判断源自真实，而不是一时的情绪。一旦情绪变了，我们会觉得外在世界真的发生了改变。激情会导致言过其实。兴高采烈的时候，我们感觉快乐会一直延续下去。而当欢乐转为忧郁时，我们几乎想不起来曾经的欢快时光。再次兴高采烈起来的时候，我们又感觉欢乐从未离开。

暂时性的情绪会让人们对人生整体质量的评估染上色彩，从而降低自我报告的可信度。这种幸福"体温计"当然不是完美的。

尽管不完美，这一"体温计"却仍然很管用。认识到波莉安娜综合征偏见和暂时性情绪的影响，我们仍然可以假设，人们对幸福的自我报告值得认真对待。为什么？

第一，在不同时间段请人们评估自己的幸福和生活满意度水平时，答案会保持相对稳定。一个人今天说自己的生活充满幸福，非常满意，大概率在一年后还是会给出相仿的答案。

第二，说自己幸福的人还会表现出各种代表幸福的标志。在访谈过程中，会发现他们微笑、大笑的次数更多，描述的记忆更幸福。对人们进行每天取样，比如在随机的时刻取样（请被试使用电子产品传送或预设闹钟的手表，提醒他们随时记录当前的活动和感受），说自己幸福的人也会报告更多欢乐时光。此外，他们的朋友和家人也更倾向于认为他们很幸福。

因此，请人们报告自己的幸福程度，就像请大家报告户外的温度一样。如果要得到最可靠、最精确的温度，最好的办法是看温度计。如果没有温度计，则可以参考刚刚出门的人的意见。"不对！"有人可能会反对，认为人的估测可能存在误差，比如有些人刚运动完，有些人静止不动；有些人穿得暖，有些人穿得少；有些人刚离开温暖的房间，有些人刚离开寒冷的房间。没错，但是，虽然如此，我们仍然可以相信人们大致的估测，这些人可以判断现在是 20 摄氏度还是 30 摄氏度，自己是快乐还是痛苦。

大部分人都体验到了相当程度的幸福，其中一部分人体验到的幸福高于其他人，所以报告的幸福程度也相对较高。

因此，我们开始思考：什么样的人格特质、什么样的生活环境、什么样的心理状态与幸福有关呢？带着这种持续快乐并传播快乐的精神，会让人感觉活着就是最美好的礼物。我们不应期待找到一种单一的答案，因为复杂的人类特质（如智力、善良和幸福）不可避免地有很多种影响因素。简单的解释无法应对复杂的特质。那么，问题继续：什么人会获得幸福？为什么？让我们从直面美国梦开始吧，幸福来自财富和成功吗？

第二章

财富与幸福

*

很难确定什么会带来幸福，贫穷与财富都无法做到。
——金·哈伯德（Kin Hubbard），阿贝·马丁广播幸福源自财富吗？20世纪80年代的美国人比以往任何时代都**更坚信**这一点——是的。

我们或许不需要用很多词语阐述这一现状。罗珀（Roper）调查会问人们对生活13个不同方面的满意度，包括对朋友、房子、学业等，其中满意度**最低**的就是"生活必需的金钱"。密歇根大学的访谈者问被采访者，什么是美好生活的障碍，收到最多的答案是"缺钱"。提问什么能**提高**生活品质时，第一个答案往往是"挣到更多钱"。我们以为收入最高的那一批人会是例外，但他们仍然认为提升财务状况（提高10%～20%的收入）能提高幸福水平——而且钱越多越好。根据1990年的盖洛普民意调查（Gallup Poll），50%的女性和33%的男性希望自己能变得富有，在年收入超过75000美元的群体中，80%的人希望自己变得更富有。

这些调查结果反映了物质主义浪潮下的文化变迁。工作最重要的是什么？从20世纪70年代早期到80年代早期，"收入"一举攀升到所有标准中的第二位。第一位是"工作的趣味和意义"。

这场新的"美国绿化（The Greening of America）"活动①在大学生中表现得尤为轰轰烈烈。美国国会开展的年度教育调查，每年调研 20 万大学新生，其中一个问题是上大学的重要原因，1971 年的调查中，50% 的学生选择"为了挣更多钱"，到了 1990 年，选择这一选项的人达到了总人数的 75%。另一个问题是上大学的决定性原因，1970 年的调查中，只有 39% 的学生回答"变得非常有钱"，但到了 1990 年，这一答案的回答者达到了总人数的 74%。而认为上大学是为了"创造人生意义"的人，则从 76% 下降到了 43%。从这些数据中可以看出，美国的社会价值观发生了多么大的变化！

经济学家托马斯·纳伊勒（Thomas Naylor）在杜克大学商学院教企业战略课，六年来，他要求每一个学生写下个人战略计划。"没想到的是，他们的目标可以分为三类：财富、权力和物质——非常昂贵的物质，包括度假别墅、进口豪车、游艇乃至私人飞机……他们对老师的需求是：教我变成挣钱机器。"纳伊勒的报告说，他们好像觉得别的都不重要，包括家庭、精神、员工、伦理道德和社会责任。艾伦·阿尔达（Alan Alda）也表达了这样的观点："幸福并不一定要有钱有名。但我们一定要有钱。"1991 年，小迈尔康·福布斯（Malcolm Forbes, Jr.）用一封符合当代价值观的信推销他的杂志："关于《福布斯》杂志，我想把一件事讲清楚——我们只关注成功和金钱，绝对只在乎它们。"

为什么不呢？钱越多，就能买到越多好东西——夏威夷度假、科罗拉多州买房、舒适的浴缸、商务舱、豪华音响系统、孩子上最

---

① 美元是绿色的，这里的"绿化"指美国人对财富的狂热。——译者注

好的学校、NBA球赛、高级餐厅、时髦的衣服、毫无财务顾虑的退休生活以及周遭环境的阶层感。你真的不想将别克车换成宝马或奔驰吗？你不想获得权力和周围所有人的尊敬吗？金钱是人生这场游戏的计分方式之一，你真的不想赢吗？谁不想活得充满安全感，而宁可在社会边缘讨生活呢？

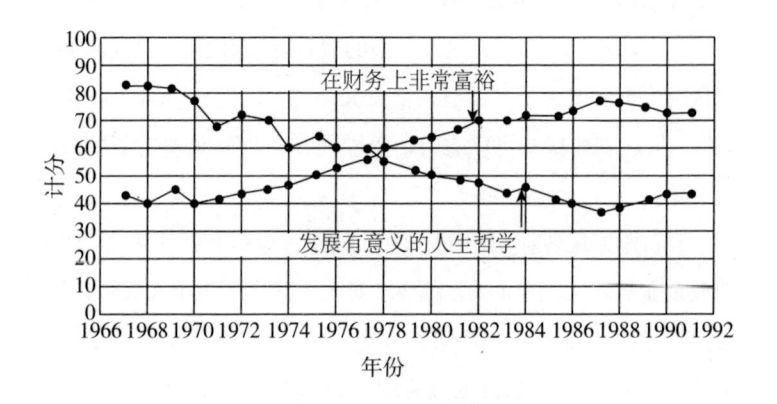

对财富的渴望及其伴生物显然不只体现在20世纪80年代的民意调查中，也留下了不少文化符号。

这些文化信号代表了什么？金钱真的能买到幸福吗？如果收入**增加**20%，减轻了付账的压力，是不是就能拥有美好生活和高级品位，多买到一点幸福呢？我们可以将这个问题拆分成三个能够回答的问题。

富裕国家的人民会更幸福吗？

不同国家的人民幸福感确实**存在**巨大差异。20世纪80年代，一项代表性抽样研究表明，横跨16个国家，选择了17万人作为样本，这可能是有史以来最大型、最重要的跨国调查，能够充分展示不同国家之间的差异。密歇根大学政治学家罗纳德·英格尔哈特在1990年出版的《工业化社会的文化变迁》(*Culture Shift in Advanced Industrial Society*)中汇聚了这些结果。结果显示：长期以来，丹麦、瑞士、爱尔兰和荷兰人的幸福程度和生活满意度高于法国、希腊、意大利和西德。这是真实存在的国民差异，排除了翻译后提问的内涵差异。例如，在瑞士，不管在德语区、法语区还是意大利语区，他们的生活满意度都很高——比使用相同语言的德国、法国和意大利人高得多。

国民幸福指数差异与富裕程度之间存在中度相关：斯堪的纳维亚半岛上的国家普遍既富裕又幸福。但这种相关并非普遍存在。例如，西德人的平均收入水平是爱尔兰人的两倍以上，但爱尔兰人比西德人更幸福。法国人比比利时人更富裕，而后者却更幸福。

此外，除了富裕程度的差异，参与调查的国家还有其他方面的差异，这也加大了厘清因果关系的难度。其一，最富裕的国家都有稳定的民主政府，稳定的民主政治与国民幸福感强相关。13个从1920年开始持续拥有民主政权的国家，国民生活满意度全部高于其他11个国家，后者的民主制度有些始于第二次世界大战，有些则至今仍未完全实现。此外，荷兰社会学家鲁特·范霍温和皮埃特·乌韦内尔（Piet Ouweneel）的报告指出，1980年时，拥有民主制度和自由出版制度的国家，国民幸福程度也比较高。因此，斯堪的纳维亚国家和瑞士幸福指数很高，财富在其中的作用不一定高于自由的历史，见下图。

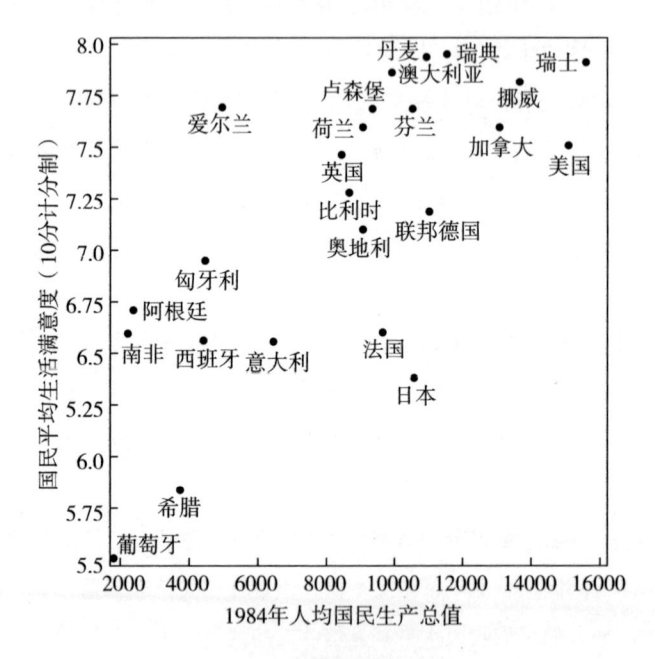

图：国家财富与幸福

资料来源：罗纳德·英格尔哈特，《工业化社会的文化变迁》

（普林斯顿大学出版社，1990年）

最近，我和家人在苏格兰美丽的历史小镇圣·安德鲁斯度过了一年休假时光。我们将这段时间与在美国的生活相对比，发现财富和幸福感之间简直没什么关联。对大部分美国人而言，苏格兰生活十分简朴。苏格兰收入普遍比美国低得多，法夫郡（圣·安德鲁斯小镇所属地区）居民中44%的家庭没有私家车，我们从未遇到一个拥有两辆车的家庭。尽管这里比美国的明尼阿波利斯还要偏北800英里,中央供暖系统仍然是一种奢侈品。

在那一年里,我们参与或聆听了数百次对话——在大学院系里每天早上喝咖啡、教堂聚会、一起做针线、共进晚餐或下午茶的时候。我们一直认为,尽管生活简朴,苏格兰人的快乐一点都不比美国人少。我们曾听过人们抱怨玛格丽特·撒切尔(Margaret Thatcher)的国家政策,但从未听到有关工资过低或无力支付生活费用的抱怨——后者我们经常在美国听到。我们没有听到任何人说,"要是我能买得起车(或者'经常出去吃饭''出国度假'等)就好了"。当然,他们的钱不多,但就我们所能看出的情况而言,生活满意度没有降低,精神上的温暖没有减弱,互相陪伴的快乐也没有减少。

在同一个国家,最富裕的人也是最幸福的吗?

正如前文所述,国家富裕程度与幸福中度相关,民主历史与幸福强相关。我们再从第二个角度对金钱与幸福的关系进行探讨。在同一个国家内,富人一定更幸福吗?

在同一个国家,财富与幸福同样是中度相关。为避免我们把贫困浪漫化,认为别人的贫困不值得担心,想想看:与那些生活舒适、年收入稳定超过45000美元的人们相比,富裕国家的低收入人群生活会少些欢乐,多些压力。低收入人群认为自己"非常幸福"的比例较低,与压力相关的疾病和情绪障碍较多。杰西·杰克逊

(Jesse Jackson)指出，贫穷不意味着摆脱与财富有关的烦恼："大多数穷人得……赶早班车……帮别人抚养孩子……清扫街道。"不，他们绝非无忧无虑。他们往往从事低报酬、低尊严的工作，休闲时光也很贫瘠乏味，感觉对周围的事物失去控制，生活在无望中。

没有人否认，我们真的**需要**足够的金钱来消除贫穷。作为人类，我们**需要**食物、休息、温暖和社会关系。对于饥饿的人和无家可归的人而言，更多的钱似乎**可以**买到更多的幸福感。第二次世界大战末的英国、法国、荷兰和西德，住房和食物供给不足，自我报告的幸福也同样稀缺。随着这些国家的经济复苏，能够满足人民的需求，幸福指数也随之上升。

然而，超过必需程度的供给对幸福的帮助十分有限。"生活不能只有面包"，这句话的意思是，我们确实需要面包，但当我们已经拥有了面包，其他需求——归属感、尊重等就会浮出水面（心理学家马斯洛提出了著名的"需求层次理论"）。一旦我们达到了一定的舒适程度，更多的钱带来的是回报递减。就像吃饭一样，第二份的味道从来没有第一份好。对于收入而言，第二个5万美元带来的幸福也远低于第一个。因此，收入与幸福具有中度相关，而在美国和加拿大，二者几乎不相关。

罗纳德·英格尔哈特提出，在欧洲也是如此，"收入与幸福的关系弱得惊人，几乎可以忽略不计"。一旦人们满足了基本需要，拥有了安全、稳定的食物和住所，有意义的活动，丰富的关系，人们的幸福就与开不开宝马无关了——就像大多数苏格兰人一样，走路、骑自行车或坐公交车都很幸福。我们无须遵循古罗马政治家、哲学家塞涅卡（Lucius Annaeus Seneca）的禁欲主义（他认为"只要我们不冷、不饿、不渴，其余一切都是空虚多余的"），认为如果雅典娜·鲁塞尔（Athina Roussel）从奥纳西斯（Onassis）[①]那里继承的是 100 万美元（而不是 10 亿美元），她的幸福感一点都不会减少。既然如此，剩下那 99900 万美元当然是多余的。

将这一点类比到自己的世界，我们也可以这样想：金钱无法改善生活的收益递减点是多少？多少钱能让我们离开自己的孩子？我们的财务目标是让富人尽可能富有，还是让全世界的所有人受益？我们如何能够时不时地慷慨地给予爱和支持，既不削弱自己的成就，也不减少为他人所做的事情？

同样，我们消费物质商品的收益递减点又是多少呢？即便记得不清楚，我们也可以确定，在芝加哥大商场看到的名牌服装（价值 1800 美元）和附近的普通服装（价值 200 美元）存在差异。但这 1600 美元的差异真的能改变穿着者的幸福感吗？联合国儿童基金会主任詹姆斯·格兰特（James Grant）告诉我，资助一名患病或营养不良儿童的生存只需 500 美元，这 1600 美元足够让三名这样的孩子活下去。我不想让自己看起来很吝啬，因为我也确实很享受富裕社会带来的便利和愉悦。不过，每个人都存在这样的收益递减点。满足了生活需求之后，更多钱可以买到很多我们不需要也不在乎的东西，或者增加银行、证券市场中的数字。超越收益递减点之后，为什么还要囤积更多财富和商品呢？究竟是为了什么？

令人惊讶的是，密歇根大学的国家调查发现，感知财富比拥有绝对财富更重要。金钱与幸福之间有两步之遥：实际收入对幸福的影响不大，我们对自己收入的**满意度**会影响幸福。如果我们对自己

[①] 奥纳西斯是希腊船王，雅典娜是奥纳西斯的唯一女儿克里斯蒂娜·奥纳西斯和法国商人蒂里·鲁塞尔的女儿。——译者注

的收入满意，不论收入究竟有多少，都更可能说自己是幸福的。然而，奇妙的是，收入高的人并不一定对自己的收入更满意。事实上，与其说满意度来自得到你想要的，不如说是享受你所拥有的。

这意味着人们的致富方式有两种：一是增加财富，二是降低欲望。中国古话说："一箪食，一瓢饮，在陋巷，人不堪其忧，回也不改其乐。"我的朋友露丝曾经在一个尼日利亚的村子里当护士，她回忆："一群5～7岁的男孩，衣衫褴褛，围在我们的围栏外面玩玩具卡车，卡车是用从我们垃圾堆里捡到的铁皮罐做的。他们花了一上午的大部分时间去做玩具，然后用棍子推着它跑，高兴地尖叫。我的孩子们，虽然床底下塞满了名牌玩具，仍然满怀羡慕地看着他们玩耍。"

收入水平不会显著影响我们对婚姻、家庭、友谊或自己的满意度，而后面这些内容却**可以**预测我们的幸福感。如果不是受到饥饿或伤痛的折磨，各种收入水平的人都可以体验到形形色色的欢乐。第三世界的神学家古斯塔沃·古铁雷斯（Gustavo Gutierrez）观察到，"不管生活条件有多严酷，穷人仍然不会失去享受美好时光和欢庆的能力"。

从穷人到富人，都既有幸福的人，也有痛苦的人，说明穷人可能拥有欢愉，富人也可能满怀抑郁。神学家、神父亨利·努温（Henri Nouwen）曾与秘鲁农民共同生活了一年，他为北美人的相对不快乐感到震惊。与他共进午餐时，他描述自己曾在那些贫穷的秘鲁朋友身上感受到极大的欢愉。在聚会中，他们既享受彼此的陪伴，也乐于品尝几块饼干，分享一瓶可乐。回到北美之后，他的朋友虽然比秘鲁农民富裕得多，但他们的反应更阴沉，情绪更低落，观点也更悲观，"他们的家庭关系往往更紧张，难以发展亲密的关系，对掌权者充满敌意……看着、感受着这些野心勃勃的成功人士的深层痛苦，我更进一步地为所谓'第一世界'的巨大精神危机而动容"。

精神病学家罗伯特·科尔斯（Robert Coles）接诊过许多穷人和富人，同样被他们的欢乐与痛苦所震撼。无论是穷人还是富人，都同样存在失败与绝望，也存在勇气与希望。伊利诺伊大学的心理学家埃德·迪纳（Ed Diener）及其同事也认同这一观点。他们调查了49位列入福布斯排行榜的美国富人，发现这些人的幸福程度只比平均水平稍高一点。财富能带来威望、更多行动选择（如旅游）、更多满足欲望以及能帮助他人和改变世界的机会。尽管如此，这些人（财产净值都超过1亿美元）中的80%都认为："金钱既可以提升幸福感，**也可以降低幸福感**，这取决于你怎么使用它。"事实上，也有不少人感到不幸福。一位富豪说他想不起来什么时候曾幸福过。一位女士说，钱解决不了她的孩子们造成的问题。我的一位学生的母亲再婚，给她找了一位有钱却存在情绪虐待的继父，在他们共同生活了8年后，这位学生写下了自己的痛苦："不用说，这显然不是什么愉快的状态。但……他自己开着宝马，又给我母亲买了一辆奔驰。他们送了我一辆马自达626。他在高档商场购物，给我母亲买了一块古驰手表。有一年，他送给我一艘帆船。后来，他又买了滑浪风帆送给我。我们住在别墅里，配了三台电视机。这些东西能让我幸福吗？显然不能。我愿意用这个家里的所有财富换一个安宁的、充满爱的家。"塞缪尔·泰勒·柯勒律治（Samuel Taylor Coleridge）写道："你若能给我看一对仅仅因为不宽裕而不幸福的夫妇，我能给你看十对因其他原因而过不下去的情侣。"

这方面的例子，人们还会想到霍华德·休斯（Howard Hughes）、克里斯蒂娜·奥纳西斯（Christina Onassis）或让·保罗·盖蒂（Jean Paul Getty）。厄尔诺·鲁比克（Erno Rubik）因为发明了魔方，一夜之间从月薪150美元的设计系教授成为匈牙利最富裕的人。他在母亲家中发明了魔方这一玩具，"困住"了5亿人，也让这位沉默寡言的发明者无法解决幸福这一更大的"魔方"难题。他在新家里接受了约翰·堤尔尼（John Tierney）的采访，他的家里有游泳池、桑拿房、可容纳三辆车的车库和奔驰车，但鲁比克脸上却仍然毫无笑意，阴沉得如同窗外的天空。得知鲁比克在重新装修房子时去掉了餐厅，堤尔尼问："你家里会有很多人来吃饭吗？"鲁比克吸了口烟，凝望窗外，皱着眉说："我希望没有。"

财富增加了，幸福感也会随之提高吗？

通过对比富裕与贫穷的国家、富裕与贫穷的人，前文已经从两个角度仔细讨论了财富与幸福的关系，接下来要面对的是更具决定性的问题：幸福感会随着收入增加而增加吗？鲁比克的经验是不会，但他是不是那个例外呢？

从美国整体来看，答案同样是不会。从20世纪50年代到现在，人们的购买力翻倍了。1957年，约翰·加尔布雷思（John Galbraith）准备出版他的著作《富裕社会》（The Affluent Society），当时的人均收入折算到如今的美元水平大约为7500美元。1990年，人均收入超过了15000美元，让我们进入了"加倍富裕社会"——金钱能购买的商品翻倍了。与1957年相比，我们的人均汽车保有量也翻倍了。我们拥有了彩色电视、个人电脑、空调、微波炉、车库自动门、答录机,以及年销量超过120亿美元的名牌运动鞋。事实上,大部分美国人将冰箱、烘干机、汽车立体声音响和铝箔纸视为"生活必需品"(就在我写这篇文章的时候,我们家的微波炉正在维修中,曾经的奢侈品似乎已经成为一种必需品)。

花了这么多钱买东西,我们更幸福了吗?

在芝加哥大学民意研究中心的调查中,只有三分之一的美国人认为自己"非常幸福"——1990年和1957年的两次调查结果一样。所以,我们的富裕程度翻倍了——不止是提升了20%——但人们却没有变得更幸福,见下图。

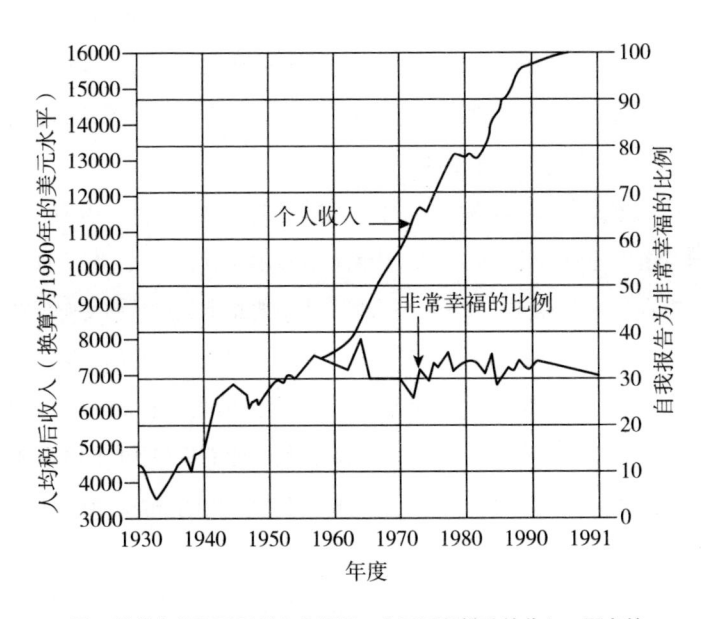

图:钱越多就能买到越多幸福吗?由于不断攀升的收入、更多的工作、更小的家庭规模,购买力比20世纪50年代翻了一倍,但自我报告的幸福指数没有变化

从 1955 年到 1971 年，底特律的家庭平均收入增长了 40%（以固定美元计）。然而，与 1955 年的底特律家庭主妇相比，1971 年被采访的家庭主妇对生活标准（包括住房、衣着、汽车等）的满意度并没有提高。事实上，从 1956 年到 1988 年，报告自己"对目前的财务状况很满意"的美国人比例从 42% **下降**到了 30%。

从第二次世界大战之后抑郁症发病率的攀升来看，人们可能变得更痛苦了。临床研究者马丁·塞利格曼的报告中说，在第二次世界大战后出生的美国人中，抑郁症发病率较之前急剧上升了**十倍**。如今 25 岁的年轻人远比 75 岁的祖辈更容易回忆起沮丧、抑郁的时刻，尽管祖辈承受各种疾病（从断腿到抑郁症）的年代比年轻人长得多。精神病学家杰拉尔德·克莱曼（Gerald Klerman）和米尔娜·韦斯曼（Myrna Weissman）的报告指出，加拿大、瑞典、德国和新西兰也存在类似的趋势。现代社会的各个角落，因抑郁症而丧失能力的年轻人似乎都比老年人多。

老年人会忘记很久之前的抑郁症发作吗？并非如此。因为当人们只报告近期的抑郁症状时，仍然存在年龄差异。那么年轻人回忆并报告更多抑郁状态，只是因为现代人更愿意承认这种感受吗？或者是因为年轻人更不愿意将暂时性的抑郁看作人生正常的起落，应该笑着忍受？如果是这样的话，那就用其他标准来定义抑郁症吧，包括因抑郁症住院、发作持续时间等，但这能消除抑郁症的年龄差异吗？其实，无论我们如何定义抑郁症，结果仍然不变：当代年轻人生活得更富裕，也更抑郁，并且承受了更多婚姻和家庭痛苦（第 9 章将具体阐释这一问题）。他们也更常产生抑郁症的后果：自杀、酗酒及其他形式的物质滥用。

青少年的社会幸福感也是如此。从 20 世纪 60 年代到 80 年代末，美国青少年享受到了社会进步的好处，贫困家庭减少，家庭规模缩小，家长对教育的投入增加，学校的人均经费翻倍（以固定美元计），拥有高等学位的教师人数翻倍，以及班级人数下降了11%。与此同时，青少年的违法率翻倍，自杀率涨了两倍，未婚生育率上涨了近三倍。

无论这些结论基于自我报告的幸福感、抑郁症水平还是青少年问题，**在飞速发展的三十年里，人们的幸福感和生活满意度都毫无增长**。这很令人震惊，因为这与整个社会的物质主义假设相矛盾，但我们不应忽略严酷的真相：**一旦脱离贫困，进一步的经济发展无助于提升人的精神面貌**。20世纪80年代，那么多毕业生和其他每个人的目标都是挣更多钱，但这无法产生幸福。

这一发现或许令人震惊，但并不新颖。近2000年前，塞涅卡观察到：

> 我们的祖先……生活与我们完全不一样，他们靠自己的双手来获得食物，驻扎在大地上，还未受到黄金与宝石的诱惑……这告诉我们，让人富有的不是金钱，而是思想……懂得知足的人不会贫穷，贪得无厌的人不会富有。

塞涅卡可能会说，富有不是银行余额充足，而是一种心理状态。要想变得富有，最重要的是拥有比收入水平更简单的欲望。

1978年，我和同事托马斯·路德维格第一次探讨了金钱与幸福的问题，文章发表在《星期六评论》周刊上。我们质疑了中产阶级的"哭穷论"，比如一边开着车一边抱怨牛奶和牙膏的涨价问题。当人们的支出超过收入时，会感觉收入不足、被贫穷和税收打败、买不起被当代人定义为必需品的东西。所以人们觉得自己很穷。

这种富裕阶层的"哭穷论"有两个方面令人反感。

其一，对真正贫困的人不敏感，就像一个微胖的人在真正肥胖的人面前抱怨自己有多胖；或者考试一直拿 A 的学生某次拿到 B 之后，在一直拿 B 的同学面前抱怨自己考得有多差。

其二，"哭穷"会腐蚀人们的思维方式。社会心理学的一大定律是**言语**会影响人们的思维和感受。积极的言语会促进积极的态度，抱怨则会放大不适感。社会心理学家将其称为"说出即相信"效应。在很多实验中，被试说出或写下某些观点之后，会变得更强烈地相信它。认知心理治疗师利用这一原理，通过请人们用更积极、更少自我挫败的方式谈论自己，展开心理治疗。

对于中产阶级而言，要想拥有更健康的视角，其中一种方式是不再"哭穷"。"我需要这个"可以改变为"我想要这个"。"我收入太低"可以改变为"我的开销比收入更大"。而最常见的中产阶级哀叹"我们买不起"可以改变为更真实的"我们选择将钱花在别的方面"。通常而言，我们**可以**负担雪地摩托、迪士尼世界门票——**只要**我们认为它足够重要。面对有限的收入，我们可以有不同的优先级排列方式——选择权在自己手上。"我买不起"则否认了自己的选择权，使我们沦为自怜的受害者。

当我第一次说出这些想法时，作为一个五口之家，我们的家庭收入是 22000 美元，过着舒适而不奢侈的生活。由于之前从来没考虑过编写教材，我从未想过收入会成倍增长。突如其来的财富（几乎是不请自来的，而且完全在意料之外）确认了本章和下一章的主题思想：幸福之河并非被财富灌满，而是由日常愉悦的溪流汇聚而成。盖瑞森·凯勒（Garrison Keillor）提出："让我们平和愉快的事物就在日常生活之中，烹饪、闲聊、讲故事、做爱、钓鱼、养动物、种花、运动、听音乐、看书、养育孩子——这些事情都浸润着福祉，闪耀着恩典。即使是在最虚荣、贪婪的时代，我们也不需要远行，就能在身边看到高尚（且幸福）的人点燃的篝火。"

平心而论，我喜欢金钱买到的自由，能够借此选择环境和时间投入的方向。我和妻子也很享受财务自由，为此我们欣然忍受共同决定资金分配的压力，并付钱购买相应服务——毕竟由此产生的压力要比经济压力小得多。我们很乐于为自己真正在意的事情付钱。

但是，正如盖瑞森·凯勒所预测的，更大的欢愉，足以维持幸福感的欢愉，是通过更日常、更持续的快乐时光得到的——比如与青春期的孩子们坐着云霄飞车玩耍，与朋友分享笑和泪，开创并完成工作，与朋友一起打篮球，在苏格兰茶室里快乐聚会，在家里和岛上点燃沙滩篝火，乃至坠入爱河。

认识到幸福不代表生活宽裕，这是一种解脱。它能让我们从1800美元的名牌服装上解脱出来，从囤积不听的唱片中解脱出来，从豪车中解脱出来，从海滨奢华度假中解脱出来——这一切都是为了追求某种难以捉摸的快乐。它将我们从对有钱人、名人的嫉妒中解脱出来，让我们自己投资自己，发展人格特质、态度、关系、活动、环境和内心的资源，从而**提升**我们自己和他人的幸福感。

第三章

满足的心灵

*

人无千日好,花无百日红。——中国诗歌

我们思考了一个引人注目的事实，这一事实也令研究人员印象深刻，让所有认为幸福源自财富或特权的人感到惊讶。正如已故的新西兰研究者理查德·坎曼所说："客观环境对幸福感的影响微乎其微。"前文讨论了经济增长的作用微乎其微，接下来，我们要讨论其他类型的成功和挫折，以及**为什么**财富和成功带来的情绪红利很难持久。

毫无疑问，生活中发生的种种事情会影响我们的情绪，但只是暂时的。坏事（争吵、拒绝、头痛）让我们烦恼；好事（加薪、赢得比赛、成绩优秀、初吻）让我们幸福——在一段时间内。但在一两天之后，我们情绪就会恢复正常。本杰明·富兰克林（Benjamin Franklin）说："与其说幸福是由巨大的好运产生的，不如说是由日积月累的细微好事形成的。"幸福常常就在我们眼前，而非独自躲在角落。

你肯定注意到了：沮丧和喜悦**都**很难留住。大部分情况下，否极泰来是有希望的。被批评或拒绝刺痛后，人们会沉浸在相对悲观的情绪中，但往往只会持续一两天。人们会因成功、赞誉而欣喜，但这种快乐也不会持久。

令人难以置信的是，这些情绪反弹在经历了极端悲剧或极大喜事的人身上也会发生。时间让人们拥有不可估量的能力，可以适应改变了的环境。癌症患者的幸福感和对生活不同方面的满意度，可以与健康人相匹敌。失明或瘫痪了的人，经历了一段时间的调整之后，日常幸福水平通常会恢复到接近正常水平。赞美诗人说："啜泣也许徘徊在夜，但喜悦会与晨光同时来临。"

我知道这听起来过于轻描淡写了，太不现实了。但密歇根大学针对车祸受害者的研究发现，在经历了导致瘫痪的脊髓损伤事件三周以后，幸福又成为这些人的主要情绪。伊利诺伊大学研究发现，健全的学生认为自己50%的时间幸福，22%的时间不幸福，29%的时间一般；残疾的学生给出的描述与之相同，差异只有一个百分点。另一项伊利诺伊大学的研究发现，学生认为，他们的残疾朋友与非残疾朋友一样幸福。

在不将灾难最小化的前提下，稳定而惊人的结果是：因糟糕事情产生的负面情绪往往是暂时的。遭遇重大挫折或受伤后，情绪上的后遗症可能会持续一年，甚至更久。然而，在几周内，人们当下的情绪会更受日常生活事件的影响——与伴侣吵架，工作上的失败，中奖电话或来自好朋友、孩子的愉快信件——而非是否瘫痪，是否失明。

1971年，W. 米切尔（W. Mitchell）在一场严重的摩托车事故中受了重伤，差点丧命，失去了所有手指。四年后，悲剧再次发生。他在一次小型飞机失事中受伤，腰部以下瘫痪。尽管他严重毁容了，但他坚信，幸福不需要容貌。"我为我自己的人生负责。这些都是我自己的起起伏伏。我可以选择将眼下的情况视为挫折，也可以看成新的起点。"如今，米切尔是一个成功的投资人、环保主义者和演说家，他用自己的经历鼓励人们不要害怕不幸，"站在更广阔的角度来说，'也许这算不上什么大事'"。

在许多受害者的报告中都提到，他们的悲剧带来的不只是消极的结果，其实还有积极的一面。米兰大学的心理学家福斯托·马西米尼（Fausto Massimini）访谈过许多人，其中一位名叫卢西奥。20岁之前，他是一个无忧无虑、毫无目标的加油站服务员，后来在一次摩托车交通事故中受伤，腰部以下瘫痪。不知怎的，这场悲剧唤醒了他的决心，他决定去考大学，并顺利完成了学业，成了一名成功的税务顾问，还拿到了地区的射箭冠军。"截瘫似乎让我重生了一次，我不得不从零开始学习过去熟知的一切……这需要自律、意志力和耐心。就未来而言，我希望自己能不断进步，不断打破残疾带来的限制。"

加州大学洛杉矶分校的健康心理学家谢利·泰勒和丽贝卡·柯林斯（Rebecca Collins）对许多乳腺癌患者进行了访谈，她们非常惊讶地发现，许多人声称从患癌经历中获益。癌症（以及其他危及生命的事件）的受害者经常赞美自己的生活，重新定义自己的价值观与优先级，重新建构亲密关系。以前认为理所当然的事情（即使是每个新的一天），他们现在开始懂得停下来欣赏。结果，很多人认为自己调整得比患癌症之前更好。一位女士说："每一天、每一刻，我都拥有更多的乐趣。我不那么担心自己拥有什么、没有什么、想要什么。这些让你纠结的事情，现在都不属于我的生活了。"另一位患者反馈："花了很长时间回顾自己这一生，发现很多曾经认为重要的事情，现在都不重要了。这可能是我这一生最重要的变化。回顾之后，会发现关系（包括熟人和家人）才是你所拥有的最重要的事物，其他一切都不值一提。很奇怪，发生非常严重的事情，才能让你意识到这一点。"

再来谈谈我哥哥的经历。我的哥哥吉姆患有运动神经元病，这是一种非常严重的疾病。对大多数人来说，这种疾病会逐渐削弱他们控制四肢的能力，最后，甚至会失去说话或呼吸的能力——同时，他们的意识非常清醒，能够意识到这种衰退。渐冻症是其中最著名的一种。吉姆现在处于早期阶段，几乎无法系鞋带、扣扣子，作为一位网络电视台的宣传总监，他也很难工作打字。然而，让我感动的是他的坚韧不拔，他与年幼的女儿们在一起时的喜悦，他为教会志愿工作付出的热情……他的初步预后不佳，但有一种试验性新药可能会延缓病程，让他有机会看到女儿们长大成人，得知这一切时，他感到幸福极了。正面迎战死亡，让他明白了什么是重要的。"生命本身似乎更为宝贵和真实。"他说。剑桥大学物理学家斯蒂芬·霍金（Stephen Hawking）同样是运动神经元病患者，他说："当一个人的期望值降到零时，就会真正感激自己所拥有的一切。"

毫无疑问，这些悲剧的经历者都不希望疾病降临在任何人头上。总的来说，几乎不会有人说这些糟糕的事情是好事。然而，大多数人发现再糟糕的事情也有好的一面。事实上，仅仅是接近这样的人就会让我们停下来思考：如果我只有一个月的生命，我最在乎的事情是什么？在我临终的时候，遗憾自己没有花足够时间去做的事情是什么？我最重视的事情，自己真的去做了吗？

如果说，大多数坏事带来的情绪影响是暂时的，那么，戏剧性的好事带来的影响也是暂时的。回顾过去，伊利诺伊州和英国的彩票中奖者都曾告诉研究者，他们很高兴自己中奖了。但这种兴奋的狂喜并不会持续下去。事实上，他们以前喜欢的日常活动，比如阅读、吃一顿丰盛的早餐，现在变得没那么愉快了。中奖带来的快乐太具有冲击性，相形之下，日常的快乐都褪色了。

放在规模较小的情况下，收入上一个台阶会带来暂时的幸福。我们会高兴地关注下几次工资表的涨幅。"但从长远来看，"罗纳德·英格尔哈特指出，"一个冰激凌蛋筒、一辆新车、变得有钱或有名都不会产生最初有过的快乐……富有不会导致幸福，但最近赚了一大笔钱会带来短暂的幸福。"

这是为什么？塞涅卡为什么会认为"幸福不会长久"？为什么幸福感不会随着经济一路攀升？为什么工业化世界的大多数家庭虽然活得比两百年前的富豪更舒适，却不觉得自己富裕？为什么过去的奢侈品成了如今的必需品？为什么成功带来的满足感如此短暂？

两个心理学原则可以解开这个谜团，它们阐述的精髓都在于"幸福是相对的"。

适应水平：幸福是相对过去经验而产生的

第一个原则从古代哲学延伸到当代实验，即我们判断当前体验的标准是过去的经验。根据最近的经验，我们会校准"适应水平"——这是一个中性的点，根据声音不大不小，光线不刺眼也不暗淡，体验既不是很愉快也非不快乐，然后，我们会注意到高于或低于这个水平的变化，并做出反应。对于室内乐而言，军乐很响亮，但与摇滚乐一对比，却又不响亮了。在密歇根，如果是7月，我们觉得15摄氏度的气温很冷；但如果在12月，我们又会感到15摄氏度非常温暖。

重要的是，事物是否发生了变化——不管变好还是变坏。加薪比高薪更令人快乐。如果我们收入提高了，成绩上升了，地位晋升了，或被邀请约会了，都会感到最初的愉快。但如果这些新情况一直持续下去，我们就习惯了。黑白电视机曾带给人们兴奋，而当我们拥有大屏幕彩色电视机之后，黑白电视机就变得过于普通，而彩色电视机也会不断更新换代。这样一来，奢侈品就会逐步变成必需品。

事实上，随着我们的经验改变，相对的奢侈甚至可能变成贫穷。1990年，精神病学家刘易斯·贾德（Lewis Judd）辞去了美国国家心理健康研究所所长的职务，因为"我发现……如果继续在这里工作，我就养不起家了"。他当时的薪水是每年103.6万美元。威廉·贝内特（William Bennett）[①]一定觉得他很可怜。威廉傲慢地拒绝了担任共和党全国委员会主席（年薪125万美元）的薪酬，他说："我不向贫穷立誓。"前四个月里，他通过演讲赚了240万美元，125万美元显然就很不值一提了。但对一些职业运动员而言，双倍的240万美元也算不上财富。得州游骑兵棒球队（Texas Rangers）的外场手皮特·因卡维利亚（Pete Incaviglia）说道："很多人以为我们每年能挣三四百万美元，事实并非如此，大多数

[①] 美国著名教育专家，里根政府时期任教育部部长和全国慈善捐款委员会主席。——译者注

运动员一年只有50万美元而已。"①

他们对饥饿、无家可归的穷人如此不敏感,我对此大翻白眼。然而,有人能适应免疫吗?20世纪60年代,我和妻子已经结婚了,但我们都还在上学,我们住在四面透风的战后遗存活动板房里,每月租金只需62.5美元。我们俩靠美国国家科学基金会提供的奖学金生活,偶尔想挥霍的时候就去吃一次炸鸡。成为助理教授之后,我们的收入将近翻倍了,搬到了月租100美元的房子里,偶尔能有一点盈余用来去餐馆吃饭。后来的20年里,我们的收入再次翻倍,搬进了更好的房子,不时出去旅游,吃得更好,送给别人的东西也更多——但感觉收入也只是刚刚满足需求。与住在活动板房的日子相比,我们的幸福感既没有增加,也没有减少。不过,我们当然不会开心地把现在住的维多利亚式别墅换成活动板房。每次有了额外的收入,这笔钱很快就没那么"额外"了;新出现的奢侈品也会迅速失去它的奢侈感。如果单调的工作带来的收入提高到超过10万美元,情况也不会发生变化。收入较低的人认为,有了更多的钱,他们会变得更幸福、更慷慨。但这种情况很少发生。事实上,盖洛普最近的一项民意调查得出了惊人的结论,收入低于1万美元的人将收入的5.5%捐给慈善事业,而收入在5万~6万美元的人

---

① 波士顿红袜棒球队的投球手罗杰·克莱门斯(Roger Clemens)年薪520万美元,如果他每年参加35场比赛,每场比赛投球100次,每当他参加一次比赛,银行卡里就会多出15万美元;投一次球,就能赚到1500美元。这么说的话,克莱门斯可能会指向亨氏公司CEO安东尼·奥莱瑞(Anthony O'Reilly),后者在1990年收入3850万美元,假设一年有250个工作日,他的日薪是15万美元;假设一天工作10小时,他一小时就能赚到15000美元。——作者注

只给了1.7%，哪怕是收入超过10万美元的人在比例上也不如穷人，他们只贡献了家庭收入的2.9%。此外，自20世纪30年代以来，随着家庭富裕程度成倍上升，捐赠占收入的比例并没有改变。

我们应该感谢适应水平现象，它为我们的抱负和成就提供了动力。没有它，我们会心满意足地停留在成功的第一层阶梯上，没有动力去追寻更多的成就。随着我们不断提升，期望也不断攀升，自然就无法停滞不前。荷兰情绪研究者尼克·弗里达（Nico Frijda）说："持续的快乐会逐渐消失……快乐总在不断变化，并随着持续的满足而消失。"

这一点怎么强调都不过分：**每一次令人渴望的经历**（充满激情的爱、精神上的满足、新获得的快乐、成功的喜悦）都是暂时的。的确，有些人从性格上就更容易幸福，或者更容易沉浸在爱中、更具精神活力，或者更容易因成功而高兴。尽管如此，只有在幸福不断被新的向上的浪涌激活，高潮过后是更高的高潮时，人生才会拥有无尽的快乐。所以如果你渴望到达巅峰，一步步攀爬的乐趣也会比坐电梯直达更持久。

在C. S. 刘易斯（C. S. Lewis）的《纳尼亚传奇》结尾，提供了这样一种天堂景象。主角在最后一场战争中幸存，世界在他们身后崩溃，步入了一个快乐的永无止境的故事。"他们在这个世界的生活，以及在纳尼亚的冒险，都只是故事的封面和扉页；现在他们终于开始了这个伟大故事的第一章，这个章节没有一个地球人有幸读到：在这个故事里，一章比一章更美好。"

我们永远无法创造充满无限快乐的天堂。人的乌托邦生活包括些什么？早上打高尔夫球打到七十多杆？和朋友一起享用奢华的泳池午餐？夜夜笙歌？没有负债，没有疾病？即使我们拥有了乌托邦家园，最终也会适应这种生活，重新回到有时满足（当我们得到的东西超过预期）、有时困扰（得到的东西没有达到预期）的生活常态上。事实上，大部分时候，我们都会处于不好不坏的放松状态。

人类对新环境的适应，说明了为什么即使在百万美元中奖人和截瘫患者身上出现了胜利的狂喜和悲剧的痛苦，他们最终也会回到正常水平。这也解释了为什么物质需求永远无法彻底满足——伊梅尔达·马科斯（Imelda Marcos）①生活在极为奢靡的世界，为什么她需要买1060双鞋子？长岛教师为什么在实现了"每锅一鸡"的经济奇迹后，渴望牛排但"存在经济困扰"时会抱怨，"如果再看到鸡肉或汉堡包，我都要尖叫了"？为什么那么多孩子"很需要"多一个芭比娃娃，多一款任天堂游戏？当胜利者被战利品征服，人被物占有时，适应水平就失控了。

即使在短期内，情绪似乎也依附于能让我们从高点或低点反弹的弹性地带。我们为许多快乐付出代价，因许多痛苦得到回报。为了毒品带来的快感或兴奋感，我们付出了渴望的代价，一旦停止吸毒，就可能增加抑郁倾向。通过承受艰苦运动的痛苦，我们能享受到运动后的喜悦。在总结了对动物和人类情绪的多项研究之后，宾夕法尼亚大学心理学家理查德·所罗门（Richard Solomon）提出了"对抗过程模式"理论，即情绪会触发对立的情绪。如人经历了可怕的跳伞后，通常会感到欢欣鼓舞。产妇在经历了阵痛和分娩的痛苦之后，会感到快乐的解脱甚至是亢奋。而在快乐的假期之后，人们可能会陷入忧郁之中。

---

① 菲律宾前第一夫人，以生活奢华著称。——译者注

随着这些心理现象的产生，也会存在许多对应的生理事件。比如吸毒，以可卡因为例，它能通过给大脑注入兴奋性神经递质（一种为神经系统传递信息的化学物质）来产生强烈的"兴奋"感。但这会减少大脑自身对这些神经递质的生产，一旦不再服用可卡因，就可能导致抑郁症的暴发。为了抑制人体自身的神经递质生产，大自然早已划定了价格。

情绪触发对立情绪的理论可以推出一个推论，随着不断重复，不断产生的对立情绪会产生能量。因此，药物带来的兴奋会越来越快地被对立的力量所击倒，这会导致使用者必须加大剂量才能获得同样的兴奋感（这种现象被称为药物耐受性）。此外，使用者可能会经历"宿醉"（消除欢愉感后，对立的情绪仍然持续存在）和上瘾（渴望使用越来越大的剂量来解决戒断的痛苦）。"我喝得越多，清醒的时候就越痛苦，"正在康复的酗酒者说，"我发现自己每天都越喝越多，其实是为了找回舒适的感觉。"

柏拉图这样预测对立情绪："人们称之为快乐的东西看起来是多么奇怪啊！奇怪的是它分明与其对立面——痛苦——紧密相关！这两样东西不论谁先出现，另一个就在其后不远处。"

所罗门明智地指出，"对抗过程模式"理论对享乐主义者是个坏消息。因为那些寻求人为快乐的人，会在未来付出代价，而重复的享乐又会大大降低快乐的程度。世界上没有免费的午餐。踢出去的每一脚都会得到相应的反击。一句古老的西班牙谚语预言了这种现象："'想拿什么就拿什么吧'，'不过你拿走的一切都要付出代价。'"

不过，对于禁欲主义者而言，这是个好消息。长期的适应和短期的对抗过程会让我们确信，付出会有回报。我们不必为了回报而美化邪恶和痛苦。痛苦会降低我们的适应水平，导致情绪反弹。

当然也有例外。被强奸的创伤、童年被虐待、战争或集中营经历可能永远影响一个人的世界观。在经历过沉重打击的越战退伍军人中（往往是朋友死在自己眼前），近一半人的心理创伤挥之不去，时常出现痛苦的闪回和噩梦。这种情况被称为"创伤后应激障碍"，许多患者会出现睡眠障碍、难以集中注意力等问题。疾病控制中心对比了14000名退伍军人，其中一半人经历过战争，另一半人则没有，研究发现战争带来的压力导致越战老兵的抑郁症、焦虑症或酗酒风险比其他退伍军人高一倍。

杰克是一位经历过越南战争的退伍军人，所在的排曾反复遭到火力攻击。在一次伏击中，最好的朋友就在他身边被杀。杰克用枪托猛击一名越南士兵，杀死了他。很多年后，这些画面不断侵入他的脑海，他甚至会被玩具枪声或车辆回火吓得跳起来。对家人朋友生气时，他反应极为激烈，在越战之前他几乎不会这样做。为了平息焦虑，他开始大量喝酒。

因此，在极端案例中（如激烈战争、虐待或性侵的幸存者），过去的创伤可能持续带来痛苦。

但对大多数人来说，悲伤的消失会带来快乐，这种快乐甚至比没有悲伤时更加强烈。假设一个孩子经历过麻烦不断的青春期之后终于成熟了，他的父母享受到的快乐是没有经历这一切的父母想象不到的。T. S. 艾略特（T. S. Eliot）说，有了第一段漫长而痛苦的婚姻作为对比，第二段婚姻显得格外幸福。从纳粹对列宁格勒的千日围城中幸存下来的俄罗斯人，即使在很多年后依然不时遭遇食物短缺，但他们仍然感到自己足够充裕。"哀恸的人是有福的，因为他们必得安慰。"由于曾忍受和经历痛苦，人们获得了更甜美的快乐。

社会比较：幸福与他人成就有关

幸福不仅与自己的过去经验有关，也与社会经验有关。我们总会拿自己与别人比较。自我感觉好还是坏，取决于比较的对象是谁。

这一简单的事实解释了为什么如果一个人摆脱了贫困，他的幸福感会增加；然而，矛盾的是，如果一个社会从相对贫困走向了普遍富裕，人们不会变得更幸福。如今的贫民区所拥有的汽车和电视机比以前的富人区还要多，虽然蛋糕越来越大，但持续的不公平会让只分到一小块蛋糕的人不再满意。如今的中产阶级购买力比三十年前翻了一倍，但由于涨潮将所有船只都抬高了，与富裕的邻居相比，他们仍然感到相对匮乏。

即使是真正的富人，也很少**感到**自己富有。在1990年的盖洛普民意调查中，美国人普遍将"富裕"这一标签贴在别人身上。普通人认为21%的美国人是富人。但几乎没有人（不到0.5%）认为**自己**是富人。对于年薪1万美元的人而言，年薪5万美元算是富人；对于年薪50万美元的人而言，收入100万美元算是富人。奥克兰运动家队以470万美元年薪签下国外球手何塞·坎塞科（Jose Canseco）时，另一位国外球手里基·亨德森（Ricky Henderson）公开对自己的300万美元年薪表示不满。他拒绝按时参加春季训练，抱怨道："我觉得我的合同不公平。"其他队员得意地笑着，为他组织募捐。匹兹堡海盗队的国外球手巴里·邦德（Barry Bond）的年薪从1990年的85万美元涨到1991年的230万美元，但没有达到他自己要求的325万美元，他闷闷不乐地说："我做什么都满足不了匹兹堡的要求。我一直都很难过。"

这些棒球员说明了一个公认的准则：个人的挫败感或满足感，取决于比较的对象。一个群体的团结性如何，会影响其抗议、示威和罢工的准备程度。但人们个人的幸福感更多地取决于与同侪的对比，包括与同事、朋友、亲戚的对比。这种比较会影响人们的预期。圭尔夫大学的研究者亚历克斯·米查洛斯发现，如果人们拥有的与想要的、人们拥有的与想要立即拥有的、人们拥有的与邻居拥有的之间存在深深的鸿沟，幸福感就会缩减。

社会比较并非仅限于金钱，还有外貌、智力以及形形色色的成功。研究者发现，中等能力的学生如果就读于同学能力不强的学校，学业上的自尊会更高。如果班卜同学都非常聪明，对比之下，很多人会觉得自己很蠢。有能力的学生如果没有进入筛选了天才学生的公立学校，也没有进入常春藤联盟学校，其学业上的自尊会很高。通过测量毕业后的长期学业成就（通过大学影响力的指数计算），可以发现，有些叹为观止的成功故事来自不为人知的角落。我自己所在的机构就是一个例子：从20世纪20年代到60年代（除了战争时期），在男性毕业生获得博士学位这一比例上，霍普学院与哈佛大学在美国高校排行榜上并列第20位。历史上的"黑人大学"也一样能成功。这些学校录取的非裔学生只占全美国非裔学生的五分之一，但毕业生拿到科学、数学和工程学博士学位的数量占到全美国非裔学生的三分之一。令人不禁要想，这是怎么做到的？普通民众都不承认的、资金有限的大学，竟然可以与拥有精英学生群体的富裕名校相匹敌。部分答案是因为在竞争不那么激烈的环境中，人们更容易发挥到最好，使相对有能力的学生发展学业上的自信和野心。鱼儿的感受与其说取决于池塘的大小，不如说取决于同伴的模样。社会比较是很重要的。

亨德森和邦德的不满表明了另一种重要的发现：攀爬成功阶梯的时候，人们总在往上看，几乎不会与比自己差的人相比较。大部分时候，人们会与比自己高一两个阶梯的人比，希望自己能达到他们的水平。哲学家伯特兰·罗素发现，向上比较没有尽头："拿破仑嫉妒恺撒，恺撒嫉妒亚历山大，而亚历山大，我敢说，他应该很嫉妒神话中的赫拉克勒斯[①]。因此，你不能单靠成功来摆脱嫉妒，因为在历史或传说中，总会有比你更成功的人。"

广告商利用这种向上比较的渴望，用优雅的模特图像轰炸人们，激起大家的嫉妒。很多电视节目也扩大了人们比较的范围，刺激了人们对他人所拥有的东西的渴望。1951年，34个美国城市的居民普遍拥有了电视机，这一年的盗窃率激增（包括盗窃店铺和自行车等）。其他34个城市直到1955年才普及电视机，同样的盗窃率激增就发生在1955年。研究者凯伦·亨尼根（Karen Hennigan）及其同事发现，年轻、较为贫困的人将自己与"有钱的电视角色和广告模特"相比时，怨恨会急剧上升。

向上比较也会影响我们对人际关系的满意度，有时会导致我们贬低自己的伴侣。在实验中，观看色情片中简单而无休止的性活动，可能导致人们回到真实世界后，降低对自己伴侣的满意度（因为相比之下没有那么令人兴奋）。哪怕只是在电视或杂志上看到性感、有吸引力的女性，也会让男性贬低自己的伴侣。比如看了杂志插页上完美的"10分"美女之后，对自己伴侣的分数会降低，像从"8分"降到"6分"。

---

① 赫拉克勒斯（Hercules），是古希腊神话中最伟大的英雄。——译者注

因此，满不满意既与过去经验相关，也与期望值有关。而期望值会受到与他人的比较的影响，其中，周围的同伴带来的影响特别明显，尤其是那些看起来比我们好一点儿的人。

然而，在意志消沉或感到受威胁时，人们常常与不幸的人相比。向下比较会带来一些好处：

- 发生了自然灾害之后，受害者往往会与更严重的受害者相比，从而感觉自己还算幸运。1989年，旧金山地震，很多被震碎了碗盘和玻璃的人都感觉自己很幸运——还好没有住在最严重的海港码头区。"只是换掉碗盘、玻璃而已，比无家可归强多了。"
- 焦虑或抑郁的人与比自己更糟的人比较之后，感觉会好得多。为孩子成绩不好而发愁的父母，一旦知道别的孩子问题更严重，就可能调整自己的心态。"你瞧，还有更糟的呢。"
- 害怕自己考试搞砸的时候，如果听到别人（哪怕是自己的朋友）抱怨自己有一半题都没有填，可能会感到隐秘的开心。"至少不是我一个人考得很差。"
- 谢利·泰勒在报告中指出，因乳腺癌而做了肿瘤切除手术的女性倾向于与做了乳房切除手术的女性做比较，因为后者受到影响更严重。赫尔加做了乳腺肿瘤切除手术，她说道："相对而言，我做的只是个小手术而已。作为女性，切掉乳房实在是太可怕了，我不敢想象，那太不容易了。"但做了乳房切除手术的玛利亚并不觉得那么可怕："没有那么悲惨，其实还好。至少现在癌细胞没有扩散，否则就麻烦了。"多萝西是一名患有乳腺癌的老年女性，她通过同情年轻人而维持自己的士气："这么年轻就切除了乳房真是太可怕了，反正我已经73岁了，还要乳房做什么用？"

尽管如此，向下比较也有其阴暗面，有时会让我们对别人幸灾乐祸。在实验中，刚经历失败或缺乏安全感的人，常常通过贬低竞争对手来缓解自我怀疑。有向下比较的对象能给自己带来帮助，这一事实更有助于消除顽固的偏见。在《魔鬼词典》（*The Devil's Dictionary*）中，安布罗斯·比尔斯（Ambrose Bierce）将幸福定义为"一种由咀嚼他人的痛苦而产生的愉悦感"。对于一个狂热的芝加哥白袜队球迷来说，幸福就是白袜队赢、小熊队输。正如戈尔·维达尔（Gore Vidal）所说："只有赢远远不够，还必须有人输。"

不过，看看好的一面吧。适应和社会比较的过程让我们确信，如果我们被迫降低生活水平，仍然可以重新获得幸福感。想象一下，如果生态学预言家是对的——不断膨胀的人口正在消耗地球的承载能力，消耗仅剩的石油储备，威胁大气质量，就有必要限制对森林和化石燃料的使用——如果不断前进、不断发展，越来越奢侈的现代意识形态撞上生态限制的铜墙铁壁，会怎么样呢？

简化生活确实会在开始时带来一些痛苦（哪怕是唐纳德·特朗普这样的富豪，当1990年的金融危机迫使他将食物、住所和其他生活费用从每天19200美元削减到14800美元时，他可能也会感到沮丧）。但是，如果大家都承受着类似的困境，人们就会适应。随着时间推移，我们会恢复到混杂着快乐、不满和中立的正常状态。

20世纪70年代，能源危机让北美人减少了对高耗油车辆的"需要"，经历了短暂的剥夺感后，他们很快就适应了小型汽车。提升技术和生产力也许能解决这些问题，使人们免受牺牲，但也有可能无法解决。如果一切继续，人们就必须活得更简单，重新回到从前的生活标准——但哪怕是降低后的标准，在一个世纪之前也是非常奢侈的。对于这种进步，我们应该心怀感恩。

对于幸福感忽上忽下的弹性适应，我个人感觉非常不错。49岁时，我发现自己的听力下降了，下降的轨迹与我那82岁的老母亲完全一致——她最后完全失聪了。尽管现在还没有残疾，我仍然在教书、参加会议（尽管时不时会出现一些困难），但在看戏或开会时坐得越来越靠前，在餐馆要找安静的角落，需要戴助听器，给电视机和电话装扩音设备。有些事情确实令人沮丧，比如错过别人的妙语，尤其是当所有人都在大笑的时候；或者发现自己对一个说话温和的人做出了不恰当的回应，因为你听错了对方的某些词汇。

但我要如何应对呢？听力问题越来越严重，会对我的幸福感产生什么影响？不能与朋友打电话、不能听音乐、必须跟友好的陌生人解释自己听不见、提前结束教学生涯、与妻子和孩子沟通都很困难的时候，我会高兴地接受这一切吗？

我一定会为失去而后悔，并渴望记住自己曾听到过的声音。也许我会更理解海伦·凯勒为什么会说她"发现耳聋比眼盲的障碍要大得多"。但是，如果我认真、严肃地对待前文所述的研究发现和经验，那么，我可以向自己保证，我能适应。我会发现新的快乐，甚至在坏事中发现一些好事。多幸运啊，我爱读书、思考和书写，这些活动都不会受到耳聋的影响。如果我能拥有另一位苏格兰学者的态度，那就更幸运了。这位学者叫威廉·巴克莱（William Barclay），他曾在晚年这样表述："我几乎完全失聪了。但这意味着，我可以在火车站旁边嘈杂的酒店里酣然入睡！我可以非常专注于工作和学习，因为没有什么干扰……塞翁失马，焉知非福？"

尽管我希望自己的听力仍然敏锐，但却并不害怕失聪的可能性，也不会因此郁郁寡欢。这不是自欺欺人，后续的补偿可以在相当大的程度上弥补感官残疾带来的损失。我乐观地认为，我会适应，可以发展出新的感觉，会从其他源源不断的快乐中汲取能量，因此，善良和仁慈将与我一生相伴。

管理我们的期望与比较

了解了这一切，我继续想：如果我们限制了不可能的期望，能找到安慰吗？莎士比亚笔下的哈姆雷特夸大了感知的力量，他说："其实世事并无好坏，全看你们怎么想。"但事实确实如此：与其说幸福取决于拥有什么东西，不如说取决于我们对拥有事物的态度。如果向上奋斗和社会比较让我们的欲望和期待多于所拥有的东西，我们就会感到沮丧。几年前，一位《纽约时报》的匿名编辑抱怨，尽管年薪有6万美元（1991年的6万美元），他还是很恼火。报纸、干洗、信用卡款项等每月"固定"开支不断上涨，意味着他不能享受小羊排和愉快的度假了。尽管他的生活方式足以让数十亿人羡慕，但他仍然感到沮丧、难过，他的快乐来源于："我已经让自己和家人拥有了更多的权力，还应该赚到更多。"

如果对经济不公视而不见，怎么能有感恩之心？我们是否应该沉湎于过去最幸福的时光？老话说得好："我们总是因为过去的幸福而幸福。"尽管我们享受着记忆中的幸福感，也有理论和证据证明，沉湎于过去的美好时光会让现在看起来更平淡无味。

在一项实验中，实验者要求一批德国成年人回忆并写下人生中重要的低谷时刻，另一批人回忆并写下人生中重要的高峰，结果发现，前者认为眼下的生活更幸福。我与妻子在一起的最初几年里，我热切地盼望着这段感情的巅峰时刻，反而导致当时的情绪平凡庸常。如果我们用最幸福的记忆作为衡量现在的标准，注定会失望。尽管回忆本身令人愉快，但怀旧会滋生不满情绪。

事实上，让人欣喜若狂的记忆具有一个确切的代价：它们会使我们对日常的愉快变得迟钝。加州大学洛杉矶分校心理学家艾伦·帕杜奇（Allen Parducci）解释了原因：与知觉判断一样，我们对当前幸福感的评估与过去经验的**范围**有关。如果当前的体验接近过去最好的经验，我们会感到幸福。如果当前体验超越了过去范围的顶点，比如度过了田园诗般的假期、收入翻了一倍、体验到从未有过的性激情、在极度食物短缺中获得圣诞食物篮子，等等，会发生什么呢？从此刻开始，你会发现自己的日常体验（周末、普通薪水、正常性生活、一日三餐）变得不那么愉快了。因为，**如果超高点很罕见，那还不如没有**。最好不要体验无法长期拥有的奢侈与过度快乐，因为这种稀缺性只会削减我们日常安静的小快乐。我们的最佳体验，最好是能够时常拥有的体验。

最好也要偶尔体验一下最糟糕的情况，以便与舒适的日常生活进行对比。在经历了需要住院的健康问题之后，如果有充分恢复的时间，人们会感觉幸福感提升了。事实上，对比定义了许多生活乐趣。饥饿的痛苦让食物更美味，疲惫让床更像天堂，孤独让友谊更可贵。

1943年，芝加哥大学神学家兰登·吉尔基（Langdon Gilkey）与另外1800名外国人被困在日本俘虏收容所。吉尔基在他的书中回忆了身处收容所的两年半时光中，拥挤、贫乏和营养不良带来的影响。重获自由之后，他和美国、英国同伴进入了一家被美军征用的酒店，接受了意料之外的奢侈款待：

"这家酒店简直不属于人世间了，对我们来说充斥着夺目的奇观。穿过旋转门后，我忽然停了下来——我刚才站在什么上面？我往下看了一眼，自己也觉得好笑，脚下是一块厚厚的地毯。两人一间很大的房间，对我来说很陌生。这里有活动空间，有放衣服的梳妆台，还有一打开就能出热水的水龙头！各种生活的元素扑面而来，我们怀着强烈的喜悦跟它们一一问好。"

回到家后，这里对他来说像一个梦幻世界。

"我和母亲去了芝加哥第55街和伍德朗大道拐角处的杂货店。它都不是一家超市，只是一个普通的街角杂货店。然而，它完全震撼了我。我站在中间，盯着那些堆满谷物、面包、蔬菜、水果和肉的货架，上面是一层一层的食物，几乎要溢出来的食物，到处堆着食物，而在柜台的另一边，还有更多堆得高高的板条箱和盒子。

"我觉得自己被食物吞没了，淹没在巨大的、取之不尽的财富中，塞满了充盈的脂肪、卡路里和维生素。我想出去走走。与此同时，杂货店里的人在高兴地讨论，严厉的配给制终于结束了。那时，我明白了真正的富裕意味着什么。"

我们也能用一些方式提醒自己要感恩。睡袋下面的硬地面让家里的床更柔软，大斋期①的食物让烤鸡更美味。爱人小别能让重逢更甜蜜，不再将对方视为理所当然。通过这样的方式，我们能修正自己的思维、态度和感恩之情。

鲁本·布尔卡（Reuben Bulka）解释了一个与犹太传统相关的概念，"为了欢愉而剥夺"。欢愉成为惯例之后，就失去了成为欢愉的能量。《塔木德》（Talmud）②认为：分离后的重聚让夫妇更热情地期待能享受温暖而充满感情的关系，就像回到新婚那天。

谢利·泰勒用一个犹太寓言进一步说明了这一点，从前有一个农民，去寻求拉比③的建议，因为他的妻子总是唠唠叨叨，孩子们整天打架，周围环境一片混乱。善良的拉比让他回家，把鸡都搬进屋子里。"搬进屋子里！"农夫嚷嚷起来，"这又有什么用呢？"不过他还是答应了。两天后，他回来找拉比，比上一次更加烦躁了。"现在好了，除了老婆唠叨，孩子打架，鸡还到处下蛋、掉羽毛、吃我们的食物。我该怎么办？"拉比让他回家，把牛牵进屋子。"牛！"农夫心烦意乱地喊道，"那只会让事情更糟！"拉比坚持己见，于是农夫顺从了他，几天之后又回来了，比之前更加烦躁不堪。"什么都没用。鸡把一切都弄脏了，牛把家具都撞翻了。拉比，你把我家弄得一团糟。"拉比把他送回去，又将马送进了他家。第二天，农夫绝望地回来了。"一切都被打翻了。我的家人没了容身之地，生活一团糟。我们该怎么办呢？"拉比说："回去吧，把

---

① 基督教的斋戒节期。——译者注
② 犹太古代法典。——译者注
③ 原意为教师，即口传律法的教师。后在犹太教社团中，指受过正规宗教教育，熟悉《圣经》和口传律法而担任犹太教会众精神领袖或宗教导师的人。——译者注

马、牛和鸡都带出家门。"农夫这样做了，第二天笑着来了。"拉比，现在我们清净多了。动物走了之后，我们又是好好的一家人啦。我该怎么答谢您呢？"拉比微笑不语。

不断增长的欲望意味着永不停息的不满，认识到这一点之后，我们也可以努力将目标变得**短期而有意义**。生命中最大的失望和最大的成就，都来自最高的期望。林登·约翰逊（Lyndon Johnson）宣布了一个伟大社会的目标——建设没有贫穷、没有偏见的新美国，然后，"上升的期望"没能实现，各个城市都出现了暴乱。我们需要有远见的梦想，但也要限制愿望和现实之间令人沮丧的差距，以贴近现实的步伐向着梦想前进。与其相信"心灵鸡汤"，将梦想定得太高而失败，不如完成一系列适度的目标，享受这样的成就感和能力感。我们应该相信，社会组织是一座金字塔，只有极少数人能勇攀顶峰；我们应该明白，成功不是超越他人（这是永无止境的），而是实现自己的潜力；我们应该放弃对于成功、孩子、婚姻不切实际的期望。朱迪斯·厄斯特（Judith Viorst）写道："不要尝试捕捉童年时期最美妙的梦，成长意味着明白它们永远不可能实现。成长意味着获得智慧和能力，在现实的限制下得到我们想要的东西。所谓现实，包括了被削弱的权力、被限制的自由，以及与所爱之人不完美的联结。"

最后，我们可以**有意识地选择比较对象**。享受幻境牧场、加利福尼亚、棕榈泉的奢侈度假时，我的父母写下了相对贫穷的感受。收到他们的信件时，我们正在苏格兰。苏格兰的生活虽然简朴，但与朋友和邻居的比较，让我们对自己的相对富足非常敏感。这一切完全取决于和谁比较。正如心理学家马斯洛所指出的："你所要做的就是去医院，听听人们卑微的祈祷，从前的你可能从未意识到这也需要祈祷——希望自己能小便、能侧卧、能吞咽、能挠痒等。在剥夺感中锻炼，能让我们更快地了解拥有的幸福吗？"

不必去探望病人，也不必与丧亲者成为朋友，不必听到或看到绝望的穷人，只需要想象他人的不幸，就能激发出新的生活满足感。马歇尔·德默（Marshall Dermer）领导的一个研究小组请威斯康星大学密尔沃基分校的女生们进行想象剥夺练习。通过观看对1900年密尔沃基人民严酷生活的生动描述，或想象并写下各种人生悲剧（如遭遇火灾并毁容），她们的生活满意度都有所提升。如今，通过各种方式，我敏锐地意识到，所谓"过去的美好时光"往往是卫生糟糕、就业困难、犯罪率极高、充满腐败和绝望的日子，于是忽然觉得自己过得还不错。

在另一个实验中，纽约州立大学布法罗分校心理学家詹妮弗·克罗克（Jennifer Crocker）和丽莎·加洛（Lisa Gallo）研究了古老歌谣中蕴含的智慧是否正确，"细数恩典，将它们一一罗列"。实验者提供了一个未完成的句子开头，"很高兴我不是……"请参与者完成五个不同的句子。完成后，参与者的幸福感和生活满意度都有所提升。另一批参与者需要完成的是另一个句子，"真希望我曾经……"写下未完成心愿的人的幸福感和生活满意度都有所下降。

再说一遍，如果我们寻求更大的宁静，就应该努力克制不切实际的期望，不遗余力地体验已有的幸事，将目标尽可能缩短、合理化，选择能滋生感恩而非嫉妒的比较对象。

第四章

幸福的人口学统计

*

年轻人鲁莽自信,年长者谦逊多虑。就像玉米穗,未成熟时笔直挺立,但成熟结穗后,便低下了头。

——本杰明·富兰克林,《穷查理历书》(*Poor Richard's Almanac*)

我们已经知道，一旦脱离了贫困，新的财富和成功水平只会带来暂时的快乐。适应了新的情况，提高了比较标准之后，生活就回到了正常的情绪状态。因此，我们不必嫉妒富人。

那么，其他人呢？谁是最幸福的人？是年轻人、中年人还是退休的老年人？男人和女人谁更幸福？哪个种族的人最幸福？城市居民和农村居民谁更幸福？这里看起来有无数可能性，不是吗？我们可以从不同年龄开始对比。

一生中的幸福

毫无疑问，活着就会变老。这意味着我们每个人都会满足或悲伤地回头望，也会满怀希望或充满恐惧地向前看。不过，我们最害怕的是哪个阶段呢？玛格丽特在家里是一家之主，曾经环球旅行，也曾在我们学院担任法语教授，她现在已经96岁了，仍然散发着精神活力。从她的身上，人们可以思考：进入老年是一种奖励还是惩罚？

在被问到人生中哪个阶段最缺少奖励时，人们往往会提到青春期和老年期是最不幸福的阶段。青春期时，人们会受到情绪波动、不安全感、父母权力、同伴压力、社会焦虑和职业担忧的困扰。一个13岁的孩子抱怨："你知道，这个年纪并不容易。我感觉像一个成年人被困在了孩子的身体里。"而变老似乎也没什么乐趣，人们的收入会缩水，职位被抢走，身体、记忆和能量开始衰退，家人朋友可能会死去或搬走，而最大的敌人——死神——则距离越来越近。难怪人们会认为，十几岁和65岁以上是一生中最糟糕的时期。

但事实并非如此。事实上，每个年龄段的人报告的幸福感相差无几。亚利桑那州立大学心理学家威廉·斯托克、莫里斯·奥肯及其同事汇总分析了一百多项研究的结果，发现只有不到1%的幸福感差异与年龄相关。罗纳德·英格尔哈特在16个国家做了17万次访谈，发现的结果与前者一样。正如下图所示，幸福感的年龄差异微不足道。

那么，幸福是否与特定的年龄联系更紧密呢？年轻人会更开心吗？令人惊讶而又毫无疑问的是，不会。

难道人们的幸福感不会在特定年龄段出现可预测的暴跌吗？流行心理学告诉我们，正在绝经期以及结束绝经期的妇女更容易出现抑郁症，此外，孩子刚刚离开家的父母也是如此（空巢综合征）。实际上，生活的起起落落没那么容易预测。一项对马萨诸塞州2500名中年女性调查的结果显示，绝经期与抑郁症发病率无关。

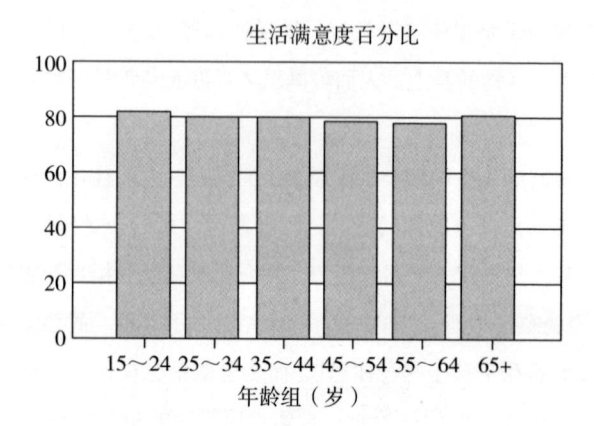

图：16 个国家的年龄与幸福感关系调研

数据来源：罗纳德·英格尔哈特报告的 169776 名被试
《工业化社会的文化变迁》（普林斯顿大学出版社，1990 年）

对绝经期情绪有影响的是女性对绝经期的态度。女性是否认为绝经意味着自己开始失去女性气质和性吸引力，走向衰老？她是否认为绝经后可以不用避孕、来月经、担心怀孕、照顾小孩是一种解脱？芝加哥大学发展心理学家伯妮丝·纽加滕（Bernice Neugarten）团队探索了女性对绝经的态度，在 20 世纪 60 年代之前，没有人在这个问题上花费时间精力。研究者选择了一部分女性提问，这些女性并没有因绝经而寻求治疗。有个问题是"绝经后，女性整体感受会变好，对吗？"只有四分之一的未绝经女性（不到 45 岁）认为"是的"；而经历过绝经期的女性，三分之二的人都认为"是的"。一位女性说："我还记得我母亲说过，绝经之后，她真正获得了元气，现在我的感觉也是一样。"另一个问题是"绝经后，女性普遍会变得更冷静、更幸福，对吗？"在 45 岁以下的群体中，38% 的人认为"对"；而在 55 岁以上的群体中，80%的人认为"对"。社会心理学家杰奎琳·古德柴尔德（Jacqueline Goodchilds）打趣道："如果这是真相的话，我们可以将老年女性诊断为患有'PMF'——'绝经后自由（Post-Menstrual Freedom）综合征'。"

纽加滕说："对于中年女性而言，最大的问题不是绝经，也不是空巢，因为大部分女性会很高兴地看到自己的孩子长大成人、离开家、成家立业。如果你认为她们会哀叹于生殖能力和母亲角色的逝去，这种观点就不太符合现代社会的真实现象了。不论刻板印象告诉你什么，如果你真的去倾听女性的声音，会发现她们不同于你的想象。"

在7个国家展开的调查确认了空巢能带给人幸福。同是中年女性，与孩子还在家的人相比，空巢者报告的幸福水平和婚姻满意度都更高。而那些空巢又被成年子女填满（因子女离婚或遇到财务困难，这种情况如今呈上升趋势）的人往往会感到压力。正如一个老笑话所说，疯癫是遗传的，所以你能在你的孩子身上看到这一点。因此，很多刚刚空巢的父母，尤其是与孩子保持着亲密关系的父母，会体验到被社会学家林恩·怀特（Lynn White）和约翰·爱德华兹（John Edwards）称为"产品发布后蜜月"的感觉。

我的朋友菲比50岁了，非常温暖，充满能量，她解释道："我们家人之间非常亲密。两个儿子要回家的时候，我简直等不及要见到他们，他们在家的时候我特别开心，离开的时候我总会流泪。尽管如此，这样共处一两天之后，我们就想享受各自的自由时光了。现在，我和丈夫很少担心他们，烦恼比他们青春期的时候少多了。我们可以随时随兴与朋友出去玩，时间完全是自己的！"

对于中年男性而言，部分包袱来自人们认为他们应该在40岁出头的时候产生中年危机，因为发现自己永远不可能成为公司老板，对婚姻彻底失去激情，身体也逐渐老化。因此，人们认为这是一段充满焦虑、抑郁的痛苦时期，可能导致他们去寻找新的人生意义和关系，甚至可能为了建构自我而出轨。1991年的《人物》杂志封面写道："戴安娜王妃装出一副很勇敢的样子，而焦虑的查尔斯王子（42岁）正努力应对中年危机，随后退回了前女友身边。"

也可以以吉姆·特蕾西（Jim Tracy）为例。41岁的时候，他升职担任副总裁，管理成千上万的员工，月薪六位数。但他仍然开始感到自己被困住。他开始质疑公司产品和人事政策的社会影响力。他出轨了，并且与妻子离婚，又再婚了。孩子们在经历青春期时遇到了很多麻烦，而他通常都不在，为此，他感到很内疚。再婚之后，他对新的婚姻和家庭生活的幻想逐渐瓦解。这一切，加上新的妻子的过敏症，导致他最终辞去了总裁职务，与新的家庭搬去了丹佛，享受干燥的气候，尝试用新的方式平衡工作与家庭。

两项著名的研究都选择了吉姆等以事业为导向的高阶层美国男性为样本，发现中年危机看起来确实存在。尽管如此，采用代表性抽样的大样本研究发现，这些高阶层男性案例并不常见。事实上，大部分40岁出头的男性**并未**表现出幸福感的下降，对工作与婚姻的不满、跳槽、离婚、焦虑、抑郁或自杀率也**并未**上升。比如说，离婚率最高的是20多岁的年轻人，自杀率最高的则是七八十岁的老年人。不过，相对不常见的中年离婚的例子往往会吸引我们的注意力，从而证实中年危机这一刻板印象。

是不是将这些作为危机的标志物太简单了，无法更准确地发现人在中年时的混乱呢？美国国家老龄研究中心研究员罗伯特·麦克雷（Robert McCrae）和保罗·科斯塔（Paul Costa）给出了一个

"中年危机量表",评估无意义感、死亡率、工作和家庭不满度、内在的焦虑与困惑。研究对象包括了350名30岁到60岁的男性。结果,他们发现"完全没有证据"表明这些困扰在中年男性身上达到顶峰。令人惊讶的是,他们给另一组男性(300人)测了这个量表,同时给将近1万名被试测试了情绪的不稳定性。"结果再次确认了之前的结论。毫无证据表明痛苦会在中年男性身上达到顶峰。"

其他研究者也得出了同样明确的结论:如果中年危机确实存在,这些趋势应该可以识别出来,但现实情况是人生曲线上丝毫看不出中年危机的迹象。① 与空巢和中年危机传说相反,标志着从一个人生阶段过渡到下一个阶段的不是年龄,而是重大的人生事件(不论何时发生),这些事件包括生育、孩子离家、搬迁、跳槽、离婚、疾病、退休和守寡。

在人的一生中,幸福感具有稳定性,甚至在中年可能掩盖一部分有趣的与年龄相关的情绪变化。随着岁月流逝,人们的感受日渐成熟,情绪高点不那么高涨昂扬,低点也没有那么绝望沮丧。因此,随着年龄增长,人们的**平均**情绪水平可能会保持稳定,虽然不那么容易感到激动、强烈的骄傲或欣喜若狂,但也不那么容易抑郁。赞美不会激发太强的欣喜,批评也不会导致太强的绝望。人的一生累积了那么多赞美与批评,所以这二者不过是又一次额外的反馈。

---

① 人们可能会想,为什么有这么多一致的反对证据,这种流行心理学编造的神话还没有消亡?是因为比起人口数据,人们更容易记住吉姆·特蕾西这样的传奇故事吗?本书的基础观点之一就是对小样本进行深入研究具有启发性,但最好能将结论在大的代表性样本中进行检验。我常常举例子(如菲比),但这不是证据,只是用真实生活中的案例作为辅助,便于读者理解。——作者注

芝加哥大学心理学家米哈里·契克森米哈赖团队使用电子信息记录人们的情绪状态，随机提醒人们暂停手头的事情，记录当前的活动和感受。研究发现十几岁的青少年情绪容易大起大落，常常在不到一个小时的时间里狂喜降温或是阴郁转好。一个朋友的冷落就可能让他们觉得是世界末日，但朋友一个电话打来又可能让他们完全忘记这件事。葛底斯堡学院的研究者报告，请居住在家的年龄较大的青少年给父母温暖程度评分，六周后请他们再评一遍，结果发现两个分数之间没有关系。青少年情绪低落时，整个世界（包括父母）看来都很不正常；情绪好起来的时候，又觉得父母值得钦佩。成年人的情绪相对不那么极端，但持续时间更长。经历过痛苦和欢愉之后，成熟的人们更擅长放眼未来。

密歇根大学已故的安格斯·坎贝尔报告了同样的结果。岁月会将高低起伏熨平，因此，老年人确实较少欢愉，但却得到了满足作为补偿。餐馆糟糕的服务、堵车、野餐时下雨等情况可能会刺激到年轻人，但在老年人眼中却不算什么。埃莉诺·罗斯福（Eleanor Roosevelt）说："我敢说，70岁的优点是更加冷静地看待生活，因为你知道，'这次也一样，很快就会过去！'"

职业生涯刚开始的时候，研究一旦被重要期刊收录，就会让我幻想自己会成为世界上最具创造力的社会心理学家之一；一旦被拒稿，我就担心自己的聪明才智能不能胜任这份职业。现在，20年过去了，我依然喜欢赞许，因为这能带来纯粹的开心。但批评呢？批评已经不再会伤害我了。随着年龄增长，平均幸福感可能不会改变，但变化曲线变得更平滑了。

稳定的幸福感也会掩盖一部分特定领域带来的感受变化。与年轻的成年人相比，年纪大的人对工作、婚姻、生活标准、住所和社区的满意度稍有提高。特德说："随着年龄的增长，我们会学着接受。我觉得不是非要去改变妻子的行为、找一份更好的工作或者换一个更好的房子。妻子也好，工作、房子也好，他们就是如此，足够和谐和熟悉了，为什么不接受现在的状况呢？"

年龄增长带来了这些满足感，也存在一些消极面。调查结果显示，老年人通常对健康和吸引力这两个方面感到更孤独、更不满意。玛丽来自亚利桑那州，是一位"不幸福"的女性，她84岁了还相当健康。然而，她说："我感觉不到什么。我丈夫40岁就去世了，兄弟姐妹去世了，两个孩子也去世了，我在乎的人里面，只有最小的女儿还健在，但她生活在俄亥俄州。"

年龄增长会带来积极和消极的影响，二者相互抵消，因此，生活满意度仍然维持着相对的稳定。问题是，为什么人们都认为老年人的幸福感会降低？年龄增长的积极影响真的能抵消掉消极影响吗？衰老是奖励还是惩罚？通常而言，年龄增长的积极影响确实能抵消掉消极影响，具体原因如下：

随着年龄增长，压力会逐渐下降。感情生活的突变与创伤、育儿和工作都被甩在了身后。随着需求下降，日常争执也会减少。密歇根大学研究者雷格拉·赫尔佐格（Regula Herzog）和威拉德·罗杰斯（Willard Rodgers）的报告指出，相对而言，老年人更常将人生描述为"自由"和"轻松"，而非充满"束缚"和"艰难"。尽管很多超过65岁的老年人承受着慢性病的煎熬，但他们更不容易被流感及其他短期疾病带来的不适感影响。我的朋友查克已经75岁了，他说："我很少生病，上次感冒已经是一年前的事了。我已经攒了一辈子抗体了，它们都在保护我。"

第二个原因是：老年人的期望和拥有更加协调。随着年龄增长，我们会放弃一部分年轻时的奢求和不可能做到的幻想，从而弥合期望和现实之间的鸿沟。我们的期望会受到自己认为"正常"的情况影响。受美国老年人理事会委托，我们开展了一项调查，发现大多数老年人认为自己的同龄人患有某种严重的健康问题，但问到他们自己的健康状况时，只有不到四分之一的人认为**自己**也有严重的健康问题。大部分老年人都感觉自己的状态比其他人好，所以可以推论："我应该很知足了。"

人生不同阶段的幸福感具有稳定性，这与显而易见的现实（每个人都会有情绪波动、都存在个体差异）并不矛盾。在幸福感上，15岁、50岁和75岁的人表现出一致的平均水平，但在任何一个年龄段，都既有忧郁悲伤的人，也有活跃开朗的人。这就提出了新问题：晚年生活的幸福感从何而来？能预测晚年满意度和幸福感的因素与年轻时一样吗？现在，已有许多研究者在研究这些问题。

在这一部分，我们发现的惊喜较少。不管在哪个年龄段，我们在生活中最关注哪些方面，哪些方面就最能预测幸福感。老年人较少关注工作，更在意休闲活动和社会关系。毫无疑问，与年轻人相比，他们的工作满意度对幸福的预测水平较低，而休闲活动和社会关系则更加重要。最幸福的老年人往往具有以下特点：积极参与宗教活动，与家人、朋友关系密切，拥有足够的健康、收入和动机来享受各种活动。人类学家阿什利·蒙塔古（Ashley Montagu）对老龄化做了专业和直接研究，发现老年可能是人一生中最幸福的时光。许多人已经达到了别人所说的老年阶段，却认为自己非常年轻，这种感觉可能会带来不合时宜感，以及出人意料的新鲜感。这种新鲜感就像在长跑运动员最疲劳的时候，一阵风推着他轻松愉快地抵达终点。这种新鲜感是一种纯粹的快乐，因为自己还活着，就像愉快嬉戏的孩子那样——或许不需要物理上的嬉戏,精神上的欢乐使一个人比以往任何时候都更有效、更幸福地永葆青春——生命的最后和最初都是为此存在。

无论如何解释(降低压力、减少期望、新的快乐源泉、接受生死),对很多国家各个年龄段的成百上千个人进行访谈后,结果仍然是:老年人报告的幸福感和满意度与年轻人一样多。既然变老是活着的必然结果,也是大多数人更喜欢的结果(比起夭折),我们一定能从这个事实中得到安慰。

超过一百项研究证实健康和身体舒适是幸福的重要预测因素,适用于所有年龄段的成年人(当然包括老年人)。更确切地说,身体不适(慢性疼痛、精疲力竭、死亡威胁)会降低幸福感。晚期癌症患者弗兰克说:"22岁的人很难想象和思考,为什么自己不能幸福?为什么自己必然死亡?人们学到了很多东西,但没有人教大家如何应对死亡。这很可怕,很孤独。"

尽管生病了,一部分人仍然设法保持生活的乐趣。但通常而言,我们因疾病而痛苦的程度,高于因健康而快乐的程度。健康就像财富,没有它很痛苦,拥有却不一定幸福。

比起十几年前,我们更加意识到行为和情绪会影响健康和活力。死亡的三大主要病因——心脏病、癌症和中风——都与吸烟喝酒等不良习惯以及对压力的反应方式、营养状况、坚持运动的意志力有关。行为非常重要。为了研究行为的重要性及如何应对相关问题,心理学家和医学家共同创立了行为医学专业。

这个新领域中的两类研究都提供了年轻人及老人获得健康和幸福的线索。其中一项研究探索了改变紧张、易怒的 A 型人群的生活方式之后的效果。在一项实验中,心脏病学家梅耶·弗里德曼

(Meyer Friedman)和黛安·乌尔默(Diane Ulmer)将数百名旧金山地区的中年心脏病患者分为两组。第一组接受了有关药物、饮食和锻炼的标准建议。第二组接受了类似的建议，同时加上了咨询内容，告诉他们如何放慢脚步、如何放松，包括走路、说话、进食都放慢速度；微笑面对他人，笑着面对自己；承认过去的错误；花些时间享受人生；重新开始宗教信仰。持续三年后，第二组心脏病复发的概率只有第一组的一半。

这些惊人的研究结果需要进一步证实。与此同时，有研究发现了笑的治疗价值。那些经常开怀大笑、用更具幽默感的方式看待人生的人，发现压力事件带来的困扰没那么强。发自内心的笑可以调节心血管系统，锻炼肺部，放松肌肉。尽管说"笑是最佳药物"可能有点言过其实，但有理由相信，爱笑的人会活到最后。

首先，笑可以唤醒我们，让我们感觉更放松。有氧运动也有同样功效（持续运动如慢跑，可以增强心肺功能）。这里的证据更加有力，含义也更实际：有氧运动不仅能增强体质，还能强化精神。首先，运动通过增强我们的能量和健康来间接促进幸福感。一项对17000名哈佛大学的中年校友进行的研究持续了16年，结果发现，经常运动的人可能寿命更长。另一项针对15000名数据控制公司员工的研究发现，运动的人比不运动的人住院的时间少25%。对43项研究进行汇总分析之后发现，与不运动的成年人相比，经常运动的人心脏病发病率低一半。其次，经常运动能减少抑郁症或压力过重等现象。许多对加拿大人和美国人进行的重复调查（其中一部分由政府健康部门主持）发现，身体好的人更自信、自律，心理韧性更强，焦虑和抑郁情绪则更少。健康快乐的心理往往伴随着强壮、优美的身体。

但因果关系有没有可能倒置呢？比如说，压力太大或抑郁的人可能没有能量去运动？为了弄清楚因果关系，心理学家将不幸福的人群随机分组，一组进行有氧运动，另一组则采取其他干预手段。在这样的研究中，丽萨·麦凯恩（Lisa McCann）和大卫·赫尔姆斯（David Holmes）将一批轻度抑郁的堪萨斯大学女生分为三组，第一组进行有氧舞蹈和跑步，第二组进行放松练习，第三组则作为对照组，不做处理。10周后，对照组的被试没有变化，放松组的被试感觉变好了，而有氧运动组的被试者感觉自己得到了极大改善。

运动能带来短时间的促进作用。当人发现自己感到紧张、沮丧或昏昏欲睡时，最好的办法就是去慢跑半小时，这样能够很有效地平息紧张。研究表明，无论是散步十分钟，还是跋涉两小时，都能提升能量水平、降低紧张感，从而提升幸福感。

目前，研究人员正在探讨有氧运动**为什么**能增强积极情绪。是因为运动者认为与不运动的人相比，自己的外表和感觉更年轻吗？是因为运动会降低血压和血压对压力的反应吗（运动确实能做到这一点）？还是因为运动能促进大脑分泌内啡肽等激发情绪的化学物质呢（运动确实能做到这一点）？运动能升高体温、放松肌肉，还能带来更深沉的睡眠。

不管怎样，这些关于适度有氧运动的研究得到的结果都非常一致，也很令人鼓舞。不论你是谁，多大年纪，提升身心健康和幸福感的最好方法就是运动，它不仅效果好，还低成本、无副作用。一位94岁的老人每天步行，逐渐将步行距离拉长到3英里（将近5千米）。他说："我睡得更好了，感觉也更好了。"我那位75岁的朋友查克，每天与比自己年轻一半以上的人一起打篮球，他说："如果我一周运动少于五次，就会感觉很疲乏。运动带来的耐力让我对生活保持乐观。"

"健全的精神寓于健全的身体。"(Mens sana in corpore sano.)这句古老的拉丁语名言适用于任何年龄段的人。

性别与幸福

关于幸福感的预测因素,还有一个被广泛研究的人口统计学指标,那就是性别。男性和女性的幸福感有差异吗?你对此了解多少?下面6道判断正误题可以评估你的了解程度。

1. 男性报告的幸福感高于女性。

2. 生活匆忙的女性报告的幸福感和充实感高于生活自由、轻松的女性。

3. 全职主妇的丈夫幸福感高于非全职主妇的丈夫。

4. 女性比男性更容易抑郁,也更容易表达快乐。

5. 男性比女性更容易自杀。

6. 在经期开始前两三天,女性往往会感到有些紧张、易怒或抑郁。①

在西方社会中,哪种性别更幸福?是男性吗?因为他们拥有更强的社会权力、更高的收入?是女性吗?因为她们拥有强大的共情和亲密能力?答案可能会让读者想到上一节关于年龄的研究:性别

---

① 答案:第1、3、5、6题为错,第2、4题为对。相关证据请见下文分解。

与自我报告的幸福感几乎没什么关系。一份对146项研究进行的汇总分析发现，性别对幸福感差异的影响不到1%；另一份研究综述报告说，女性表达的幸福感比男性稍高。20世纪80年代，对16个国家进行的调查数据表明：男性和女性报告"非常幸福"或"生活满意或非常满意"的比例相同。一项新的研究由68名研究人员共同开展，覆盖了全球39个国家，调查了18032名大学生，结果也是一样，性别对幸福感没有影响。考虑到过去普遍存在的男女不平等现象，这个结果相当令人惊叹。虽然在社会权力这一维度上，男女并不平等；但在幸福感这一维度上，男女平等实现了，见下图。

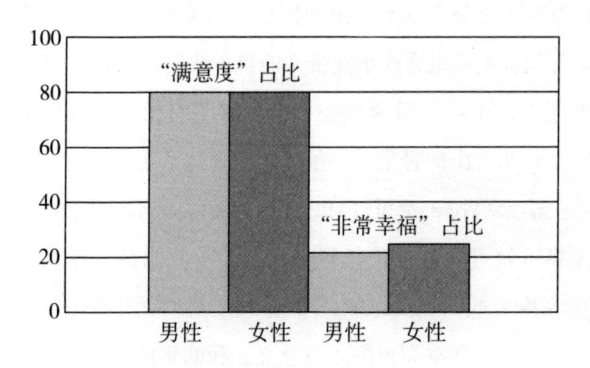

图：16个国家调查结果：性别与幸福感
数据来源：罗纳德·英格尔哈特，《工业化社会的文化变迁》
（普林斯顿大学出版社，1990年）

然而，这一整体结果是否掩盖了另一项重要差异？有这样一种显而易见的可能性：职业妇女比非职业妇女更幸福（或更不幸福）。1890年，七分之一的已婚女性在工作，1940年，这一比例上升到四分之一，到了1990年，又上升到将近五分之三——这一变化形势，能说明就业的回报率比较高吗？

事实上，与没有进入职场的女性相比，已婚职业女性的"非常幸福"和"完全满意"率只是稍微高一点。即使女性态度和就业率发生了极大的改变，这一"大略相同"的比例仍然保持稳定。

一种可能的原因是每个角色的心理成本和收益基本相等。从负面说，家务劳动确实非常重复、无聊、孤独。但请大家也不要将工作浪漫化，职场女性往往从事着收入低、无成就感的工作，回家后还得承担大部分家务和育儿工作。（对大部分女性而言，事情永远也做不完。如今，丈夫也开始做家务，但平均只承担家务劳动的三分之一。哪怕如此，这一比例还比1965年提高了15%。）从正面说，有没有人就是喜欢更自由的生活，享受不被雇用的副业呢？或者说，有没有人就是喜欢事业带来的自我认同感呢？

事实上，中产阶级家庭主妇感觉**并不**自由——她们生活充实而匆忙，而非自由而轻松——虽然她们表达了更高的幸福感和满足感。社会学家玛拉·费里（Mara Ferree）提出，对于这些女性来说，无事可做可能比忙忙碌碌更糟糕。卡罗尔是一位精力充沛的46岁的家庭主妇，她反思道："我不接受我们文化中的物质观，我不认为，工作必须拿到报酬才有意义。我的生活充满了挑战，首先是照料家庭，然后还要为教堂和社区组织当志愿领导者。这会带来时间上的压力，但也丰富了我的人生，让它变得既有趣，又有意义——比一味打牌或为赚钱而工作好多了。"

尽管女性的就业率和离婚率同步上升，职场女性对婚姻和家庭生活的满意度并不比其他女性低。美国的全国性调查显示，母职和工作的双重压力，确实会让一部分女性不堪重负，从而损害其幸福感。这种影响对于30多岁的职场妈妈尤为严重，因为她们往往最深切地感受到竞争性需求的压力。但是，与非职场的已婚女性相比，她们与丈夫的相互理解程度基本一致。（与非职场女性一致）此外，丈夫的婚姻幸福感不会受到妻子工作与否的影响。

显然，一部分丈夫不喜欢妻子工作。山姆·莱文森（Sam Levenson）讽刺道："人们认为夫妻双方都可以工作，但只能在妻子怀孕之前。"不过，如果夫妻双方都在工作，婚姻通常也不会受到影响。正常情况下，如果已婚女性感到被支持（包括同事在工作上的支持，丈夫的支持态度以及参与育儿和家务），她们就能蓬勃发展。我的朋友和同事简是一位精力充沛的大学教授，她说："有人说，你不可能拥有一切。当然，我也有过于繁忙，难以兼顾工作和家庭生活的时候。但我必须得说，拥有充满爱和挑战的家庭、有意义的事业，让我感觉人生真的很丰盛。我觉得这就是最好的安排。"

格雷斯·巴鲁克（Grace Baruch）和罗莎琳·巴内特（Rosaline Barnett）在韦尔斯利学院女性研究中心的研究发现，关键不在于女性选择什么角色（职业女性、妻子、母亲），而在于她在这些角色中的体验质量。幸福可以是有一份能激发兴趣、提供能力感和成就感的工作，可以是有一位支持你并视你为独一无二的亲密伴侣，也可以是拥有你所深爱并引以为傲的孩子。

此外，史密斯学院研究者费伊·克罗斯比在报告中指出，对爱和工作的满足感能够互相滋养："在工作之外还有重要角色（比如妻子、母亲或志愿工作者）能够提升工作满意度，而在家庭之外工作（不管是职场还是志愿工作）能够提升家庭生活满意度。"

对于这些研究结果，弗洛伊德一定不会意外。他认为，最健康的成年人应该同时享受爱与工作。对大部分人而言，**爱**以家庭关系为中心；**工作**是任何让人感到有成效、有能力的活动，不管是否有报酬。

如果说，男性和女性在幸福感平均水平上的一致性令人惊讶，那么，更值得惊讶的是不同性别在体验痛苦时的差异性。在美国和欧洲，女性忍受长期抑郁症带来的绝望和倦怠的可能性是男性的两倍。女性更常明白，抑郁就是感到气馁、不满意、孤独、悲伤、缺乏活力和食欲、无法集中精力，甚至希望自己已经死了。

为什么女性更容易患抑郁症？是因为社会提供给女性对人生的独立控制力低于男性吗？与这个解释一致的是，抑郁症确实常常伴随着自我挫败的信念，而这一信念往往会在人们感到无力、无助的时候出现。此外，家庭主妇和柔弱的女性更容易患抑郁症。

还有一种解释，耶鲁大学心理学家帕特里夏·林维尔（Patricia Linville）研究后发现，扮演多个角色从而具有多重认同（父母、配偶、职员、业余运动员、社区领导者等）的人，自我的完整感更不容易被其中任何一个领域的问题所干扰。无论是男性还是女性，对家庭角色的自豪和满意，可以减轻工作上的失望带来的痛苦。同样，如果一个人认为"尽管婚姻出了问题，我还是一个好父亲／母亲"（或很有能力、被人赞赏的职员），婚姻破裂带来的灾难性后果也会有所缓和。一位女性说："我的丈夫总爱没完没了地批评我，工作就成了我的避难所。在工作上的成功让我知道，我不是他口中那样无能。"在短时间内，离婚的压力可能干扰工作。但根据费伊·克罗斯的研究，一段时间过去之后，"对于经历了离婚的大部分女性，职场生活有很大帮助"。工作将日子结构化，让人不得不集中精力去做某些事情，提供了愉快的互动，也能让人更有自尊感。

你觉得是男性还是女性更常感到担忧或恐惧？答案仍然是女性，因为女性更常经历（或者说，更常发觉）强烈的情绪，包括积极情绪（快乐）和消极情绪（抑郁、焦虑、恐惧等）。美国得州农工大学研究者温蒂·伍德（Wendy Wood）和南希·罗德斯

(Nancy Rhodes)总结道:"对于情绪体验,女性比男性更敏感,也更善于表达,在亲密关系的情感方面尤其如此。"在研究了成百上千名成年人和大学生之后,伊利诺伊大学研究者弗兰克·藤田(Frank Fujita)、埃德·迪纳和埃德·桑德维克(Ed Sandvik)同意上述观点。积极的环境下,女性往往更容易体验到强烈的快乐;然而,消极的环境下,女性也更容易感受到强烈的悲伤。这有助于解释为什么男女两性的平均幸福感相同,但女性的抑郁症概率是男性的两倍。

女性的共情能力优于男性,这与她们获取他人情绪的能力相关。很多研究都发现,女性对非言语线索的敏感性高于男性。例如,截取一个2秒钟的无声电影片段,内容是一位女性难过的面孔,女性更擅长猜到她是在生气还是在讨论离婚。这有助于解释为什么无论是男性还是女性,都报告与女性朋友的友情更亲密、享受,也更被爱护。需要亲密和理解的时候,男性和女性都会倾向于寻找一位女性。唐的想法可以代表很多男性(女性也不例外),他说:"我也有一些男性好友,一起玩的时候确实很开心,但如果要分享忧虑和伤痛,我通常会找女性朋友。"这也可以解释为什么男性比女性更常说"我最好的朋友就是我的伴侣",而五分之四的女性认为最好的朋友是另一位女性。

我在这本书里报告的研究发现,一次又一次完全对应了自己的生活,这真是令人吃惊。我们系的同事关系都很不错,除我之外,还有5位男性和3位女性,每一位都有令我珍视的理由。然而,当我多愁善感的时候,为某个孩子发愁的时候,我更愿意找哪位同事倾诉呢?是简。

女性敏感、擅长共情,对抑郁症更易感,我们可能会推论女性也更容易自杀。确实，女性**尝试**自杀的可能性更高，但与之相反，男性的自杀率比女性高1—2倍。[①]男性酗酒的可能性比女性高4倍，实施暴力犯罪的可能性比女性高7倍。因此，很难说究竟是男性还是女性更容易出现心理障碍，但可以说性别和心理障碍**类型**存在强相关关系。

最新的性别迷思认为，女性的幸福感与经期相关。很多女性认为，在月经之前的两三天，或者月经开始的两三天，会感到疲倦烦乱——易怒、感到压力或抑郁。部分研究者认为至少对一部分女性来说，这是对的，因此，美国精神病学协会在心理障碍手册中介绍了"晚期黄体期障碍"（又称PMS）。

另一些研究者对整体人群进行研究，试图寻找这种所谓的情绪波动期，结果并未找到。西蒙·弗雷泽大学的凯西·麦克法兰（Cathy McFarland）、滑铁卢大学的南希·德库维尔（Nancy DeCourville）和迈克尔·罗斯（Michael Ross）请安大略的女性为自己的情绪进行每日评分，获得了独特的结果。在经期前或刚开始的阶段，女性自评的负面情绪（包括体验到易怒、孤独、压力或抑郁等）并**不会**增加，一点都不会。尽管女性自己**相信**，情绪往往会随着经期变化。

普林斯顿大学心理学家帕梅拉·加藤（Pamela Kato）和纽约

---

① 讽刺的是，为什么男性的幸福感不比女性低，自杀率却高这么多？与之相似的还有一个惊人发现，自我报告幸福感较高的国家，自杀率也比较高。罗纳德·英格尔哈特通过对16个国家中17万人的研究，发现生活满意度最高的5个国家，自杀率比满意度最低的5个国家高一倍以上！这或许是因为在幸福的人群中，不幸的人更加难以忍受。正如莎士比亚所说："通过别人的眼神寻找幸福是多么可悲啊！"——作者注

大学的黛安·卢布（Diane Ruble）认为，尽管很多女性会回忆起经期的情绪变化，却几乎不会在每日体验中感受出这种变化。另外，与经期相关的激素变化不会对情绪产生影响，因此也不会产生情绪变化。那么，为什么这么多女性仍然相信自己存在经前紧张或经期烦躁？加藤和卢布认为，关于月经的内隐理论引导她们注意并记住月经开始期间的负面情绪——"怪不得我昨天这么容易生气"——但不会留意两周后出现的坏情绪。如果知道一位女性的经期时间，男性也可能构建类似的错觉关联，克莱尔·布思·卢斯（Clare Boothe Luce）通过观察如是解释："男人无法解释女人的行为时，第一件想到的事就是她的子宫状态。"

令人惊讶的是，老年人与年轻人、女性与男性、职业女性与家庭主妇之间的巨大差异，对整体幸福感的影响微乎其微。这个列表还可以进一步扩展。对于一个健康的女性来说，有没有孩子对幸福感没什么影响。（这是因为普遍来看，养育孩子的麻烦和压力会抵消孩子带来的幸福和满足感吗？）

同样，在哪个国家生活也无关紧要。无论是生活在欧洲、北美还是亚洲，是住在农村、小镇、郊区还是大城市，人们都一样可以获得幸福。

此外，是黑人还是白人，有没有受过高等教育，都没有你想象中那么重要。亚利桑那州立大学的威廉·斯托克和莫里斯·奥肯团队对多项研究进行了统计数据分析，发现种族和教育程度对幸福感的个体差异影响不到2%。罗纳德·英格尔哈特从多项针对欧洲的调查中得出了同样的结论。白人受教育程度高，会在幸福感上有微弱的优势，但带来的差异却非常小。在任何一个群体中，个体差异都远远超过了种族和教育程度带来的群体平均差异。

这一结论又震惊了我。众所周知,处于不利地位的群体遭受着贫乏的自尊和随之而来的抑郁,我将在本书第6章去写,自尊是幸福感的源泉。为什么女性的快乐不少于男性?非裔美国人的快乐也不少于白种人?

这是因为,"众所周知"是错的。比如说,非裔美国人的自尊水平并不低。用社会心理学家詹妮弗·克罗克和布伦达·马卓(Brenda Major)的话来说:"大量研究得出结论,黑人的自尊水平等于或高于白人。"美国国家心理健康研究所在20世纪80年代进行了名为"美国精神疾病调查"的研究,同样发现黑人、西班牙裔的抑郁和酗酒率与白人大致相当(如果有差异的话,美国的少数群体的抑郁率比白人稍低)。

这是怎么回事呢?克罗克和马卓在报告指出,尽管承受了歧视和低社会地位,各种"污名化"群体的成员(有色人种、残疾人、女性)依然能从三个方面保持自尊:其一,他们重视自己擅长的事情。其二,他们认为目前的问题来自偏见。其三,所有人都会与本群体内部成员进行社会比较。这有助于理解,为什么所有群体的幸福感水平相当。尽管在精神疾病方面还存在无法解释的严重性别差异,但这些差异大体上是平衡的:女性患抑郁症、焦虑症和恐惧症的风险是男性的两倍,但男性酗酒的可能性是女性的五倍,而酗酒也与低自尊相关。

现在我们知道了,财富、年龄、性别、父母地位、居住地、种族和教育水平都不能充分预测幸福感,然后呢?幸福感和生活满意度是不可预测的吗?它们是随机分布的吗?带着这些问题,请您继续读下去吧。

第五章

重新编码心灵

*

在迷惑和欺骗的汪洋大海中偶然发现真理的稻草,需要智慧、警惕、奉献和勇气。但是,如果我们不养成这种坚强的思维习惯,就无法指望解决眼前真正严重的问题。

——卡尔·萨根(Carl Sagen),《探查谎言的艺术》

乔治·F. 威尔（George F. Will）曾反思道："逛书店会让你对全民识字的当代社会感到担忧，因为所有人都识字了，就会产生成百上千本关于'如何获得幸福'的极度悲伤的书。"每本书都给出了一些建议，告诉大家如何让自己感觉良好：比如，拉动心理杠杆，相信自己最好的一面；自信、坚持，就会得到幸福；多去研究自己的梦；参加一个研讨会或买一些书籍磁带，也许你也能真的做到"每天醒来都很幸福，渴望生活"。

这些快速治疗心灵的承诺有用吗？我们可以先看看美国"精神力量"运动的历史，再想想有些人常说的四种"幸福处方"，其中每一种都做过非常夸张的宣传，现在需要我们在冷静的研究中检验。

精神力量

19世纪，美国盛行个人主义和乐观主义，各种"心灵疗愈"方法的根源正根植于此。菲尼亚斯·帕克赫斯特·昆比（Phineas Parkhurst Quimby）原本是一位钟表匠，后来转行成了心理治疗师，他认为积极的心理暗示可以改变信念，从而治疗疾病。在昆比的指引下，基督教科学派（Christian Science）创始人玛丽·贝克·艾迪（Mary Baker Eddy）认为，自己确实通过改变信仰而治好了病。

拉尔夫·沃尔多·川恩（Ralph Waldo Trine）1897年的畅销书《与无限同步》（*In Tune with the Infinite*），以及售出150万册、被翻译成20种语言的《充满和平、力量和富足》（*Fullness of Peace, Power and Plenty*）使上述相应观点变得流行，人们开始相信人类精神可以从心识中获得即时的力量与领悟。川恩写道："思想具有神秘的力量，保持思想鲜活就是在运用微妙、沉默而不可抗拒的力量，虽然目前只是一种理念，但这种力量或早或晚会以物质形式实现。"

当代精神力量的倡导者在两个方面仍然与川恩等新思想联盟成员保持一致。人类的心性维度使我们能够驾驭超能力，这一观点在如今的新时代运动（New Age）[①]思想中有所体现，即每个人都是上帝，是宇宙的主宰，或者至少是一种有待发掘的创造性生命力。

[①] 20世纪60年代发源于欧美的一场反叛现代性的文化思潮和寻根运动，主要内容是重新发掘人类古老的神秘主义思想和灵性观念。——译者注

为了寻找治愈、和平或力量，就要与这种内在的精神力量保持联结，掌控自己的命运。而利用自己的精神力量，可以进入近乎精神力量的汇聚与融合的状态中。

这些精神力量相关的声音跟本书有什么关系吗？心灵真的有助于健康和幸福吗？皮尔的承诺是骇人听闻还是引人入胜呢？

作为一个学者，十年前的我可能会对这一切大加鄙薄。（作为心理学专业人士，健康的批判性思维有时会转变为智力上的傲慢与优越感。）但经历过十年的务实研究后，我认为某些有关精神力量运动的说辞似乎是对的。随着对人类受造性（creatureliness）的了解（人类产生于地球）不断深入，我们日渐意识到精神依赖于大脑这一机制，一些未经证实的说辞（比如精神力量相关内容）看起来古怪极了。然而，正如皮尔所料，客观生活环境对幸福感影响甚微——比想象中小得多。皮尔的哀叹"当物质富足之时，我们却陷入了精神上的饥饿"，在我们这个时代变得更加准确了。

此外，毫无疑问，心理会影响大脑——挑战性的环境会影响血压；长期的愤怒与怨恨会导致激素释放，从而加速心血管的垃圾堆积；持续的心理压力会抑制免疫系统，降低对各种疾病的免疫力。尽管人们会夸大这一效果——癌细胞并非由人们意志生成，也无法将其赶走——仍有越来越多的证据表明，愤怒和其他负面情绪对人有害，而放松、凝思和乐观会促进人体自身的愈合过程。

例如，1987年，心理学家迈克尔·谢耶（Michael Scheier）和查尔斯·卡弗（Charles Carver）报告，积极思维的人（认为"在事情不确定的时候，我往往会期望最好的结果"）比悲观主义者更能成功地应对压力事件，也更健康。上学期的最后一个月，被认定为乐观主义者的学生报告的疲劳、咳嗽和疼痛更少。应对压力时，乐观主义者的血压上升幅度比较小。经历了心脏手术之后，乐观主义者恢复速度也相对较快。

不过，内心的精神状态究竟是如何、在多大程度上影响我们的快乐和幸福的呢？这些关于积极精神力量的主张，是从什么地方开始偏离真实、走向夸张的呢？我们如何才能强化那些能带来快乐而非沮丧的特质和态度呢？考虑这些问题之前（这是下一章的重点内容），我们先停下来思考三种重组不快乐思维的技术，从最愚蠢的一种开始，以最合理的一种结束。

虽然讨论最愚蠢的技术可博诸君一笑，但我其实有两大严肃的目标。其一，提醒人们不要受骗。天真无邪使我们容易上当，陷入令人印象深刻的胡说八道。但话说回来，嘲笑所有不同寻常的说法，可能会让我们接近重要的真相。其二，展示如何在科学调查的基础上，拥有健康的怀疑精神，成为一个既具有批判性思考能力又能接受新鲜事物的人。正如莎士比亚笔下的哈姆雷特所述："天地之大，赫瑞修，比你能够梦想到的多出更多。"健康的怀疑精神是勇于创新但拒绝上当，明辨是非而不愤世嫉俗。

踏火行

有这么一个观点：踏火行能将恐惧转化为信仰、担忧转化为信心。踏火行起源于斯里兰卡，20 世纪 80 年代，这一活动进入了北美。只要花费 125 美元左右，我们就能上一堂"精神大于物质"的课，据说这能让人们改变自己的身体。"只要坚信自己的脚不会受伤，就能改变身体的化学成分。"

这种精神力量导致的物理结果是：在火红炽热的煤炭上行走，双脚既不会疼痛，也不会被烫伤。而心理结果则是：一种解决问题、恐惧和狭隘信念的新方法。一位狂热的踏火行者说："如果我能做到本不可能的事情，就几乎能做到任何事。这证明我们的精神力量远远超乎想象，这一力量足够控制身体，创造新的现实。如果我能把炽热的煤炭想象成冰凉的苔藓，就可以战胜火焰，那其他恐惧呢？想想看吧，精神力量无所不能。"这就是踏火行和积极思维导师托尼·罗宾斯（Tony Robbins）想让你相信的，他希望你能坚信自己有"无限力量"。[1]

具有怀疑精神的科学家冷静地看待了踏火行现象。他们在报告中说，秘密不在于用精神力量改变感官，而在于木炭的低导热性。假设在190摄氏度的烤箱里烤蛋糕，刚拿出来的时候，如果你伸手去摸铝制的蛋糕模具，一定会烫伤；但如果你去摸蛋糕（蛋糕的导热性和木头一样差），就不会烫伤。当然，蛋糕也好，煤炭也好，温度都比较高，所以不要停留太久。所以，不管有没有受过踏火行培训，犹豫不决的人都会失败。幸运的是，快速穿过炽热的余烬只

---

[1] 罗宾斯的畅销书《无限力量》(*Unlimited Power*)推广了另一种"新时代"骗局，名为"神经语言程序"（NLP），它假设人们可以通过确定自己感知世界的主要方式，通过阅读和模仿肢体语言，通过相信"我们能做到任何事"，获得成功和幸福。他提出了一套提高人类能力的新技术，这是其中的一部分。美国国家科学院检验了NLP，得出结论，认为其毫无科学意义，"目前几乎没有或完全没有实证依据支持NLP假设与NLP的有效性"。——作者注

需要两秒钟不到。每只脚接触煤炭大约两次，每次不到一秒。在踏入炽热煤炭之前，会让尝试者踩进潮湿的草丛或水中，将脚沾湿作为又一层隔热，这就像用潮湿的手指按灭蜡烛或摸一下热熨斗。考虑到这些事实，具有怀疑精神的科学家没有进行任何"精神大于物质"的培训，就表演了这一"特技"。此后，科学家在加州理工学院开了一次讲座，好言劝说一批 75 岁的老人，同样做到了踏火行。如果有人要争论，你可以说："好吧，不如你试试将'无限力量'用在穿过同样滚烫的金属板上？"（除非他们想进医院烧伤科，否则不要真的去做。）

尽管踏火行的信念——"相信自己的能力就能做到一切"只是幻觉，但也有正确的一面。理查德·巴赫（Richard Bach）说："为你的局限因素辩解，那你就是真的把自己局限在里面。"**相信**自己的可能性，或许，只是或许，真的可以做到。著名的安慰剂效应是指，如果患者相信治疗的作用，惰性治疗也可能刺激和实现治疗效果。民间疗法和医学实践都发现，有些目前已确认无用的药物实际上可能会产生治疗效果。如果你**相信**蜂花粉提取物有助于健康，很可能发现自己真的感觉充满力量。如果你**相信**消沉的人生被某种心理药物（比如蛇油）激发，好吧，可能真的能做到。然而，你买到的药物可能不在药瓶里，也不在未烫伤的脚上，而在于脑中的新希望。

阈下录音

1956年，一篇报道（后来承认没有得到研究支持）引发了一场争议，该报道称，一家电影院通过植入不易察觉的信息来操纵不知情的新泽西观众，在电影中途插入一闪而过的字句：喝可口可乐，吃爆米花——结果导致可口可乐和爆米花销量大增。三十多年后，这种阈下（也就是低于可察觉的阈值）影响的说法卷土重来。邮购目录、电视广告和著名的连锁书店淹没了我们，这也带来了对成功、幸福的潜意识进行重新编码的机会。1989年，《今日心理学》(Psychology Today) 在某一期登载了5页广告，宣传一种自助录音，能够"通过阈下方式往你心里植入积极信息"。

据说，阈下录音可以控制（见本书下文）神秘力量。在舒缓的音乐或海浪声中，隐藏着无数强大的信息，这些信息都会被我们无所不能而唯命是从的潜意识吸收。店主如果在店里播放音乐，其中藏着"我很诚实"的信息，就能杜绝入店行窃行为。每个人都能用它来改变人生。

该技术假设"科学证明，大多数个人局限性都是因为'消极的潜意识编程'，以及它对意识行为的影响"。如果你的潜意识在童年时就进行了消极编程，它就不会听从你有意识的愿望。但是，"有了潜意识，你就有了进入程序的密码"。丝毫不需要努力，甚至根本就不用注意它，就能植入积极信息。对于成绩不佳的学生，可以植入"我是个好学生，我爱学习"。对于拖延症患者，可以植入"我已经设定好了做事的顺序，我会提前完成任务"。对于不幸福的人，可以植入"我的前途一片光明，非常积极。我的生活会越来越幸福，越来越充实"。

结果如何？"会得到一个全新的自己，你会更喜欢这个自己。你会获得更多幸福、更多满足感和更好的生活！"但也要小心。不要无意中让孩子陷入了当下流行的减肥潜意识，他有可能会患上厌食症。也要小心性爱相关的信息（"我喜欢抚摸别人，也喜欢被抚摸"），这种信息可能会隐藏在你的约会对象汽车音响中的轻松音乐之下。

随着"潜意识快速修复"录音的竞争日益激烈，各种说法也层出不穷。人们可以买阈下录音用来丰胸、提高保龄球成绩以及胎教。人们认为，胎儿不仅能听到阈下信息，还能理解它。对于那些渴望立竿见影的人来说，新技术提供了加速版的信息——每小时对一条信息肯定3万次以上，或者，还有更好的办法，给你一条阈下指令，听到一句话相当于听到10万次。"一旦你的潜意识相信这一陈述是真的，它就会变成现实。"为了将便捷程度提到最高，还有人发明了一种新设备，将它连接在电视机上，使之能在任何电视节目里插入阈下的肯定信息。

这些疯狂而古怪的说法是真的吗？积极阈下信息能不能帮助我们，哪怕只有一点？现在，我们可以讨论一个更基本的问题：一个弱到无法注意到的刺激能影响到我们吗？

在特定的实验室条件下，答案是"能"。在一个实验中，密歇根大学的学生观看了重复播放的一系列几何图形，每张图呈现时间不到0.01秒——只能看到一道光，看不清具体图像。此后，学生报告，比起从未出现过的图像而言，更喜欢那些曾经闪现过的图像，尽管他们根本不知道哪些曾经闪现过。此外，"看不见的"文字（闪现太快，无法识别）也能引导后续问题的回应。如果闪现的是"面包"一词，虽然闪现很快，你认不出这两个字，只能看到一道闪光，但接下来你识别相关词汇（如"黄油"）的速度会比无关词汇（如"瓶子"或"泡沫"）快。

因此，我们可以在没有觉察的情况下处理信息。微弱的刺激显然能在我们体内引发微弱的反应，这种反应可能会被传递到大脑，从而唤醒一种感受或意义，尽管不是有意义的觉知。有意识的头脑没有识别的东西，我们的心可能知道——这是真的。正如帕斯卡尔（Pascal）在1670年的《思想录》（Penseés）中所说："心有理性所不知的理性。"

因此，潜意识的感觉是真实的。但是，这是否证实了关于潜意识隐藏信息**有用性**的商业说法？众多心理学研究的结果基本一致，那就是"不能"。心理学研究者对此的看法类似于天文学家对占星术的观点。天文学家认为："观星家有时候是对的，确实**有**很多行星和恒星。但除此之外，基本上就没有什么正确的观点了。"同样，心理学家认为，是的，我们可以在无意识的情况下加工信息。但"重新编程潜意识"纯属一派胡言。① 实验室研究与商业运作之间有着难以逾越的鸿沟。实验测试的是我们对**视觉**刺激的加工，利用实验室环境让被试**集中注意力**，**最小化其他影响，要求被试给出猜测或判断。在这些条件下，实验也只能带来暂时的轻微影响。**简单地说，实验室效应是微妙而短暂的。商业广告和目录则会让人们相信，实验"证实"了**在做其他任务的情况下，听阈下演讲，能对

---

① 在每个年代，推销者都会利用合法的科学概念。打开任意一本流行科学杂志，都会读到煞有介事的广告，推销各种技术和工具，有些工具承诺能"同步脑电波"或"开发大脑中未曾使用的90%空间"，提醒你重视"右脑的直觉力量"，或利用"全脑技术""给脑细胞增压"。——作者注

动机（如想吃的欲望）和**情绪**（如幸福感）产生**强大的、持续性的影响**。

先不管实验室研究和商业宣传之间的鸿沟吧。简单提问，阈下录音有用吗？会产生不可抗拒的影响吗？将这本书介绍给你的朋友。有这么一个实验：加利福尼亚大学圣克鲁兹分校的安东尼·普拉卡尼斯（Anthony Pratkanis）和杰伊·埃斯肯纳泽（Jay Eskenazai）招募了一批热情的志愿者，连续 5 周，每天听一段用来提升自尊或记忆力的阈下录音。其中一半录音的标签是对的，另一半录音的标签则相互对调了。对调组的人**认为**自己拿到了增强自尊的录音，实际上听的是强化记忆力的录音；反之亦然。

这些录音有用吗？听录音前后都给被试做了针对自尊水平和记忆力的测验，结果发现没有用。一点用处都没有。尽管如此，那些**认为**自己听了记忆录音的人，**相信**自己的记忆力提升了。同样，**认为**自己听了自尊录音的人，也**相信**自己的自尊水平提升了。安东尼·格林沃德（Anthony Greenwald）和埃里克·斯潘根伯格（Eric Spangenberg）在华盛顿大学重复了这一实验，结果是一样的。这个研究的结果与前文所述基本一致，一位消费者在感谢信中写道："我很清楚地知道，你们的录音没办法帮我这台愚蠢的电脑重新编码。"

情绪低落时，人们自然而然想要尝试新的改善方法，这种倾向会进一步扭曲证词。情绪恢复正常之后，我们会反过来归因于近期所做的事情。如果感冒第三天的时候，我们开始服用维生素 C，随后感冒症状有所减轻，就很可能归功于维生素 C。如果一次考试考得很差，随后我们听了"峰值学习"阈下录音，下一次考试成绩有所提升，就可能会被欺骗，相信一切都是录音的功劳。不管某个被吹捧的疗法是否真的有效，我们可以相信，一定会有狂热的使用者。

"爆米花效应"报道席卷美国后不久，加拿大广播电视公司利用一档著名的周日晚间节目，将阈下信息闪现了352次，然后请观众猜这一信息的意思。将近500人回信猜题，但没有一位猜对。近一半的人报告说，看节目的时候，他们感到异常饥饿或口渴。不过，这与前文所述的记忆／自尊实验一样，纯粹属于期望效应。实际上，电视台播放的信息是"快打电话"。352次阈下信息闪现，对人们拨打电话的举动有影响吗？答案是没有，完全没有。

滑铁卢大学的菲利普·梅里科尔（Philip Merikle）是一位有进取心的研究者，他从四家主要发行商那里购买了阈下录音带，并检查了它们的内容。他使用了光谱法，发现录音中没有与嵌入语音模式对应的声音信号——如果录音带上确实有阈下信息，人的耳朵和大脑也不可能比光谱法更灵敏。分别听了阈下录音和安慰剂录音之后，人们无法（哪怕是再用心倾听的人）分辨二者。梅里科尔说，显然，这些录音里"根本没有插入任何能影响人类行为的声音"。

英国一个重金属乐队——犹大圣徒乐团（Judas Priest）被控非法植入阈下信息，导致两位陷入困境的年轻人饮弹自尽。心理学家、约克大学的蒂莫西·摩尔（Timothy Moore）谨慎地审查了种种证据，随后上了审判庭做证，最后，法官判决指控不成立。摩尔的证词是：没有任何可靠的理论能证实阈下录音会起作用，没有证据表明它们能像传说中那样生效，现在，直接证据也证实了它们没有效果。

作为消费者保护倡导者，梅里科尔和摩尔说，这些录音无异于一场健康骗局。[1]证据非常一致,以至于梅里科尔放弃了科学家一贯的委婉措辞:"所有研究过阈下录音的科学家都给出了一样的意见,这些东西彻头彻尾就是假的。"感谢安慰剂效应,它让人们感觉更好、更自信,相信有什么东西发挥了效用。但是,如果用阈下录音来代替那些会对人生产生更真实、更持久影响的步骤(比如学习习惯、时间管理、人际关系方法等),这种录音就可能产生危害。

与其他通往幸福的捷径一样,人们当前对阈下录音的狂热很快就会消退,然后被另一种新的"灵丹妙药"取代——这就像心理上的网红饮食法一样。[2]接下来,请留意熟悉的模式:对这一兼具速度快、效果好和简单等特点的安慰剂,很多人给出了令人印象深刻的评论,用听起来很科学的断言来吹捧它。一些热心关怀公众的科学家从繁忙的工作中抽出身来,回答那些提出的问题,除了信念的力量,这种新疗法还有任何效果吗?他们的判断进入公众视野后,推销者们提出反对意见:正统科学总会反对新观念。另外,这么多人都亲身体验到了阈下录音的好处,你凭什么说没有用呢?

唉,但幻觉终究会消散。有时,它会被绝望替代,然后很可能

---

[1] 如果说阈下录音不是骗局,它们也确实符合美国联邦贸易委员会确定的几大江湖庸医标准:承诺快速、无痛的治疗,出具产品有效的证明,保证这一产品包治百病,以及这是被美国医学界或科学界忽视的一项科学"突破"。——作者注

[2] 减肥是一个大问题。尽管大多数饮食法在短期内有效,却无法对抗自然的生物力量(饥饿的脂肪细胞、减缓的新陈代谢等),因此,从长远来看,减掉的重量还是会回到身上。结果就是身材无法做到持续纤瘦,钱包却做到了,也是因为这样,新的减肥方法拥有永不衰竭的市场。1989年,美国人花了330亿美元用来购买各种饮食法,超重程度却丝毫没有降低。——作者注

又出现新的虚假承诺。一位超重的66岁的新泽西女性，用阈下信息法减肥失败后，满怀自责地说："我想我太抗拒公平的审判了。"（是的，推销者会说："有些人能改变；而有些人，哪怕我们提供了帮助，还是没有效果。"）

从长远来看，真理比脆弱的幻觉所提供的安慰更长久。追寻真理可能让你收获安慰。而为了获得安慰牺牲真理，你可能就会被惦记着你钱包的人欺骗，钱包空空如也，心也空空如也。如果你能看到这一行字，它就不是阈下信息；如果你看不到，它就无法影响到你。

催眠

不同于踏火行和阈下录音强调的精神治疗，催眠带来的迷人的心理力量时常成为激烈科学辩论的焦点。想象一下，你正要被催眠。催眠师请你坐下来，盯着墙上的某个点，放松下来。催眠师用一种安宁、低沉的声音暗示道："你的眼睛越来越累了……你的眼皮越来越重……越来越重……越来越重……你的眼睛开始闭上了……越来越放松……你的呼吸很深、很长……你的肌肉越来越放松。你感觉整个身体重得像注了铅一样。"

几分钟的催眠诱导后，你可能会闭上双眼，也可能出现明显的暗示性升高反应，能让催眠师诱导你做出一些古怪的行为，影响你的感知甚至是记忆。如果催眠师暗示："你的眼皮闭得太紧了，即使你努力尝试也无法睁开眼。"你可能真的发现眼皮不受自己控制，无法睁开了。如果你被告知，你忘了数字6，接下来可能会困惑于数自己的手指头为什么会从1数到11。当催眠师请你闻一种好闻的香水（实际上是氨水）时，你可能会陶醉在刺鼻的气味中。当催眠师请你描述他手上拿着的照片（实际上并不存在）时，你可以具体谈论它的细节。当催眠师告诉你，你看不见某个特定物体（比如说，一把椅子）时，你可能会说那里没有椅子，但很奇怪的是，请你走过去的时候，你会自然而然地避开它。如果催眠师要求你在脱离催眠状态后忘记所有相关事情，你可能会在之后报告暂时性失忆，就像想不起一个熟悉的名字一样。如果你是一个喜欢幻想的人，比如能够深深沉浸在小说、电影或自己脑海中的想象世界中，就更可能表现出被催眠的能力。

许多人将催眠与催眠表演、江湖庸医联系在一起，美国国会图书馆将催眠书籍与心灵学书籍放在一起，或放在颅相学和幽灵、巫术书籍中间——这种分类也能看出人们对催眠的观感。

这种看法存在误解吗？催眠揭示了什么样的真正的精神力量？

第一，正如滑铁卢大学研究者肯尼斯·鲍尔斯（Kenneth Bowers）所言："催眠不是心理学的吐真药。"因为催眠"唤醒"的记忆往往将事实与虚构结合在一起——导致人们可能为并未经历过的事情做证，因此，美国大多数州法院现在已禁止记忆被催眠污染的证人做证。

第二，当人们在催眠中"回到童年"，重现童年经历时，被催眠者**并非**真的那么孩子气，甚至比催眠师要求他们假扮孩子的行为更夸张。他们那样做，是因为人们**认为**孩子会那样做，但通常由于表现优于特定年龄段的真实儿童而错失了目标。当被催眠者"回到前世"时，结果非常有趣。几乎所有人报告的种族都与"今生"一样——除非催眠师暗示，换一个种族的现象很常见。大多数人报告自己是某个名人，而不是无数古代农民中的一员。而且许多人声称的"前世"是同一个人，比如圣女贞德、亨利三世或拿破仑。对于那些发生在"前世"身上的同时代人不知道的隐秘事件，他们通常也不知道。一位被催眠者声称自己的"前世"是一位1940年的日本战斗机飞行员，却说不出当时日本天皇的名字。

第三，催眠不能让人们表演超人类的技艺，也不能迫使他们违背自己的意志。被催眠的人**可以**让自己变成一道人桥，将头和肩膀架在一张椅子上，双脚架在另一张椅子上，整个身体躺得非常平直，还可以站一个人上去。但是，没被催眠的人也可以做到。在一个著名的实验中，研究者马丁·奥恩（Martin Orne）和弗雷德里克·埃文斯（Frederick Evans）证明，被催眠者**可以**被诱导做出相当危险的行为。例如，要求他们将手短暂没入发烟酸中，然后将"酸"泼向研究助理的脸上时，他们可以做到。（实际上并不是真正的发烟酸。）一天后，对被催眠者进行采访，他们表现得并不记得自己的行为，并且断然否认自己有可能根据指令做出这样的动作。

催眠师具有特殊的能量，能通过催眠控制他人违背自己的意志吗？为了找出答案，奥恩和埃文斯释放了幻觉信念的敌人——控制组。奥恩请一部分被试**假装**自己被催眠了。在实验室进行实验时，实验者不知道这批控制组被试没有被催眠，所以用同样的方式对待所有被试。结果是什么呢？所有没被催眠的被试，都表现出与被催眠者一样的行为。大多数被催眠者能够被诱导去剪碎美国国旗或弄脏《圣经》，一小部分人甚至能听从指令去考试作弊或贩卖非法药物。然而，假装被催眠的被试，能做到的行为也不比他们少。

第四，催眠不能阻碍感知信息输入。接受了"你是一个听觉障碍者"的暗示后，被催眠者会否认能听到声音，但当他们在耳机里听到延迟了半秒的自己的声音时，这种延时反馈会影响他们说话的流畅性——没被催眠的人也是同样的反应。如果催眠师告诉他们，"你是色盲"，被催眠者在色盲测验中的成绩与真正的色盲者不同。如果催眠师告诉他们，"你忘记了某段话"，被深度催眠的人也会否认相关的记忆。然而，他们的行动却并非如此，"已经忘记的"句子会影响他们随后的思维和感知。在以上所有情况下，被催眠者所**说**的体验都与表现出来的行为不一致。

抛开误解不谈，催眠确实能起到两种治疗作用，这也解释了心灵的治愈力量。其一，也是最毋庸置疑的一点，催眠有助于缓解疼痛。未经催眠的被试将胳膊放进装满冰块的浴缸，会在 25 秒内感到剧烈疼痛。而被催眠者在经历了"你不觉得痛"的催眠后，他们确实报告感觉不到痛。即便是轻微的催眠也可以减少恐惧，从而降低对牙科治疗等疼痛的敏感性。大约有 10% 的人可以接受非常深度的催眠，甚至可以不使用麻醉剂做手术。

这怎么可能呢？一种关于催眠止痛的理论讨论了解离（dissociation），即不同意识水平之间的分离，能让某些心理过程同时发生。这种理论认为，催眠断开了疼痛刺激的感觉（被催眠者能觉知到）与导致疼痛体验的情绪痛苦之间的联系。因此，被催眠者虽然感觉冰块很冰，但却感觉不到痛。

另一种理论认为，催眠止痛是因为选择性注意，就像一位受伤的运动员仍在进行激烈的比赛，在比赛结束之前，他几乎感觉不到痛。支持这一观点的几项研究表明，催眠止痛的效果并不比没有催眠的放松和分散注意力强。例如，在催眠中注意力分散的状态下，有些女性在分娩时只感到轻微疼痛；但是，另一些女性在不催眠的前提下也可以做到，尤其是接受过分娩训练的人。例如，拉姆泽分娩法就涵盖了几种与催眠类似的技术：放松、控制呼吸、目光凝视不动以及心理暗示。用拉姆泽分娩法能够有效地减轻疼痛的女性，通常也很适合接受催眠。

催眠的第二种治疗用途在于帮助患者控制自己的治愈力。催眠无法提供变出幸福的魔法棒，也无法帮助被催眠者更好地解决咬手指甲、戒烟以及其他自我控制方面的问题。然而，催眠后的建议（在催眠治疗结束之后给出的建议）有助于缓解头痛、哮喘、疣和心理生理皮肤病。一位女性身上到处都是开放性溃疡，这种病已经持续了二十多年，催眠师要求她想象自己在闪闪发光的、阳光浮动的液体中游泳，这种液体可以清洁皮肤，让她的皮肤光滑无瑕。不到三个月，她的溃疡就消失了。

但是，催眠是治疗吗？要搞清楚这个问题，其中一个办法是建立对照组，让一组人接受催眠，另一组人学习放松、构建积极意象，对比两个组的治疗效果。例如，催眠加速了疣的消失。但在控制组中，没有催眠，也发生了同样的结果。因此，催眠的实际治疗价值仍然存疑。

催眠状态下的高度可暗示性不会赋予人们特殊的力量，不能阻碍感官信息输入，也不能让人获得持续的快乐，但出于某种原因，它确实有助于缓解疼痛和身心疾病。这就留下了一个大问题：什么是催眠？是一种独特的意识状态吗？在催眠状态下，意识会分裂开来，一部分接受暗示，另一部分成为"隐藏的观察者"吗？"隐藏的观察者"知道一切，这就解释了为什么给被催眠者电击时，他们报告说没有疼痛感，但却心跳加速、汗流浃背。或者说，催眠只是正常意识状态的延伸？所谓"催眠易感者"，只是在扮演被催眠者的角色，并且入戏太深吗？

还是这两种观点都提供了部分事实？毕竟，我们每天的思考都会出现意识上偶尔分裂的现象。哄孩子睡觉的时候，我们可能一边读着第14遍的《晚安，月亮》绘本故事，一边盘算着第二天繁忙的工作安排。牙医给我喷了一氧化二氮①之后，她说"张大嘴"，由于麻醉的影响，我的意识需要一点时间琢磨这句话的意思，但令人惊讶的是，我的嘴几乎立即张大了。"转过来。"她说。就像被什么神奇力量所控制，我的头立刻转过去了。通过练习，我们甚至可以在听写单词的同时读懂一篇短篇故事，就像可以一边听演讲一边涂鸦，钢琴家可以一边弹奏熟悉的乐曲一边聊天。因此，被催眠者可以一边写一些问题的答案，一边说或读其他话题，这是正常认知分离的加重模式。

无论如何，催眠和日常生活的现象证实了我们的精神力量。首先，我们能在意识觉知之外处理大量信息。当我们感知、学习、记忆、思考和回应时，头脑里的内容往往比我们能意识到的部分更多。

其次，信念和期望很重要。康尼狄格大学心理学家辛西娅·威克利斯（Cynthia Wickless）和欧文·基尔希（Irving Kirsch）展示了这一点，他们用了一些巧妙的方法，让所有学生（哪怕是极具怀疑精神的人）相信自己是催眠易感者。然后，通过一次标准的催眠诱导流程，告知被试会先看到红色，再看到绿色，然后听到音乐。每次暗示之后，实验者会偷偷放出适当的刺激——非常微弱的

---

① 当时的牙医常用麻醉剂。——译者注

红光、绿光，或是轻到若有似无的音乐。当被试真正看到、听到了这些刺激，却误以为是催眠的结果，这样一来，就对催眠毫无疑心了。因此，在接下来真正的催眠过程中，这部分被试与控制组（此前没有进行任何处理）的结果大不相同，前者被催眠的程度显著高于后者。信念很有用。

那么，我们的心灵是否拥有非凡的力量？确实有，但并不总是以我们认为的形式存在。积极、专注、信任的态度会起到很大作用。

什么样的人会拥有这些态度？我们要如何培养这些特质，从而让自己更快乐呢？接下来，我们来回答这些问题。

第六章

幸福者的特质

*

幸福和痛苦既取决于命运,也决定于性格。
——拉·罗什福科(La Rochefoucauld),《道德箴言录》

如果我请你猜一猜，某个特定的人是否感到幸福，对人生是否满意，读到此处，我们已经知道，如果我提供给你的线索是男性或女性，15岁、50岁或75岁，黑人或白人，居住在城市或农村，高中或大学学历……对判断**没有**什么帮助。令人惊讶的是，如果我告诉你，这个人是否曾在30年前或现在被审问过，是否曾在3年前中过彩票大奖，是否曾在事故中瘫痪，是住在大庄园里开着崭新的奔驰还是住在公寓里开着1972年产的大众……对你的判断同样没什么重要帮助。

那么，什么样的线索才重要呢？心理学研究告诉我们，预测一个人的行动最好的办法，就是观察他过去在类似情况下的行动。排名的最佳预测因素不是考试分数，而是过去的排名。工作表现的最佳预测因素不是访谈者的直觉，而是过去的工作表现。暴力倾向的最佳预测因素不是监狱心理工作者的预感，而是过去的暴力倾向。同样，未来幸福感的预测因素是过去的幸福感。要判断一个人是否幸福、满足，首先要了解的线索是他过去是否幸福、满足。

在长达十年的时间里，美国老龄化心理研究所的保罗·科斯塔

(Paul Costa)及其团队追踪了 5000 名美国成年人的幸福感状况。"幸福感的重要影响因素是个体的长期特质。不管一个人的性别、种族、年龄是什么,也无论其婚姻状况、工作或居住地是否发生变化,1973 年就幸福的人,往往到了 1983 年仍然幸福。"

20 世纪 20 年代,加州大学伯克利分校的一个团队研究了一组男性青少年,追踪他们的人生,持续超过半个世纪。尽管问题青少年好像变好了许多,甚至超乎大家的想象,但研究者还是注意到了人们情绪的稳定性。整体而言,随着时间推移,快乐的青少年变成了快乐的成年人。

这些发现中蕴藏着好消息:没有什么不幸的事件能阻碍未来的幸福。只要性格没问题,哪怕经历了糟糕的对待、病痛的折磨、失业或离婚,同样可以找到新的幸福。那么,下一个问题又出现了,什么造就了幸福的性格?哪些人能在人生低谷中保持积极向上?为什么大家都有对立情绪的平衡点,但这些人的平衡点却比别人更积极一些?

比如说,经常与兄弟姐妹一起玩耍、生活的人,是不是比"孤独且被宠坏了的"独生子女更容易幸福?可能是由于这种假设,一项全球性的调查发现,在发展中国家,只有 3% 的人喜欢独生子女家庭;而在发达国家,这一比例也只有 5%(远低于实际上的独生子女比例,后者应该能达到 10% 以上)。然而,对荷兰 2500 名青少年和美国 9000 多名成年人的调查,驳斥了这种"独生子女不幸福"的刻板印象。独生子女和非独生子女对生活有趣度和幸福程度的评价没有差别。

独生与非独生没有影响,那么,我们来继续寻找幸福者吧。生理上的吸引力有影响吗?在以貌取人的社会里,美貌能带来幸福吗？对于相信"美貌只是肤浅的东西""外表具有欺骗性"的人而言，成百上千个吸引力研究的结果十分令人气馁。实验发现，好看的人（或照片好看的人）更受约会对象、老师和潜在雇主的青睐。在日常生活中，魅力出众的人更受欢迎，工作更体面，收入也更高。正如古罗马政治家西塞罗所言，"智者的至善和最高责任"可能是"抵制外表"。如果真的如此，真相可能会很丑陋：好看的人比较幸福。

毫不奇怪，有吸引力的人比没有吸引力的人更常描述自己在享受幸福。密歇根大学使用了 7 分制的生活满意度量表（1 分 = 不满意，7 分 = 非常满意）。在 3700 人的全国样本中，那些给访谈者留下"相貌普通"印象的人，给出的生活满意度平均分为 4.8。那些被访谈者认为"非常英俊／美丽"的人，生活满意度平均分为 6.38。

然而，我的直觉是，这是因为访谈者是在访谈**结束**的时候对被试的吸引力进行评判，这种评判会受到被试者在访谈中表现出的幸福感的影响，从而出现偏差。我们对吸引力的判断会受到感觉的影响。在罗杰斯和汉默斯坦（Rodgers and Hammerstein）的音乐剧中，白马王子对灰姑娘唱道："我爱你是因为你的美丽吗？还是我觉得你美丽是因为爱你呢？"可能二者都对。当我们发现别人与自己的相似之处，一次又一次见到他，开始喜欢上他，通常不会再注意到他身体上的不足之处，而是越来越欣赏其魅力。《E.T. 外星人》里的 E.T. 就像《星球大战》里的达斯·韦德一样丑陋，但人们在认识了解他之后，这种感觉就荡然无存了。正如莎士比亚所说："爱情不是用眼睛看的，而是用心体会的。"

随着时间的推移，人们也会越来越接受自己的外表。不好看的青少年往往很痛苦。"我总觉得自己是个很丑的孩子,满脸粉刺、一口乱牙、小卷发、瘦、戴眼镜,最糟糕的是还平胸,"年轻姑娘琼叹息道,"我还记得这种抑郁的感受。"不过,渐渐成熟之后,这些事情或许仍然重要,重要的程度却下降了很多。如今,琼说:"我可以看着镜子说'是啊,你很美啊!'虽然我的牙齿还是很乱,也没摘掉眼镜。"

尽管我们生活在一个看重外貌的世界,"认为自己有吸引力"的信念仍然很有帮助。此外,更重要的是四项有助于积极心理态度的内在特质:自尊、自我控制感、乐观和外向性。

自尊:幸福的人喜欢自己

20世纪80年代,心理学领域研究得最多的主题就是自我。到了1990年,关于人们对自我的感受及其影响因素和后果,一年发表了4000篇学术论文(这一数量是20年前的3倍以上)。很多研究发现,高自尊水平的好处包括更倾向于同意"我是个很有趣的人""我有很多好的想法"等叙述。同意这类叙述的人,更不容易患上溃疡、失眠,也更不容易滥用药物,对从众压力更能保持独立,更擅长坚持完成困难任务。尤其当外在情形变得艰难时,具有强烈自我价值感的人更能够坚持下去。

然而,更具震撼性的发现是**低**自尊水平和心理障碍(尤其是抑郁症)的关系。范德堡大学心理治疗研究者汉斯·斯特鲁普(Hans

Strupp）说："只要听了患者的人生故事，就会在其中找到不幸、沮丧和绝望的情绪，这些情绪会表现为各种形式的精神疾病，包括身心症状、神经症和适应不良的各种方式……所有这些问题的根本都在于自我接纳和自尊受到损害。"

诺曼是一位加拿大的大学教授，他回忆起自己抑郁症时的状态："我对再次成为人类感到绝望。我真的觉得自己不像是人类，比最糟糕的害虫还要更糟。我看不起自己，不明白为什么有人愿意与我来往，更别说爱我了……我确信自己是个骗子，是个赝品，不配拿到博士学位。我不配拥有终身教职，不配成为一名全职教授……我不配拥有研究经费，我不能理解自己是怎么写书、怎么写论文的，更不能理解它们怎么会被出版。我一定骗了很多人。"

此外，威胁人们的自尊时，要注意其防御性。假设你是亚利桑那州立大学的一名学生，正在校园里独自行走，忽然来了一位研究员，邀请你参加一项为时5分钟的调查。你同意接受这个简短的"创造力测验"。然后，你获得了一份结果，写着"你的得分相对较低"。接下来，研究者会问你一些评价性的问题，针对你的母校或其竞争对手（亚利桑那大学）。挫败感会影响你的评分吗？研究者罗伯特·恰尔蒂尼（Robert Cialdini）和肯尼斯·理查森（Kenneth Richardson）发现，挫败感会影响评分。与那些自尊不曾受到威胁的人相比，在"创造力测验"中受挫的人给母校的评价会更高，给对手的评价会更低。

其他研究者继续深入探讨了这一现象。其中一个实验给了被试一种被羞辱的体验——让他们打翻别人的一大堆电脑卡（其实是被试拉开椅子，准备落座的时候，实验者故意制造的意外）。自尊暂时受损后，英语区的加拿大被试在回答态度相关问题时，对法语区的加拿大人敌意增强了。在另一个实验中,让达特茅斯学院的男生感到不安全之后,这些人对别人的工作评价会更严厉。在西北大学,与地位较高的女生联谊会相比,地位较低的女生联谊会成员会更轻视其他联谊会。总而言之,感到(或研究者促使其感到)不安全或无价值感的人,往往会通过贬低别人来重建自尊。

被忽视的一点是,人们也发现了**高**自尊水平与幸福感的关系。密歇根大学对幸福感的研究中,生活整体满意度的最佳预测因素不是对家庭、友谊或收入的满意度,而是对自我的满意度。在世界的其他角落,这也是真理:喜欢并接纳自己的人,对生活的整体满意度较高。中年女性朵拉说道:"我完全不想变成别人。我当然不完美,但是就像歌里唱的那样,'我想做自己!'我期待每个崭新的明天到来。"

现在这个年代,任何一个熟悉流行心理学的人,都不会对这个结果感到吃惊。无数自助书籍都激励我们要尊重自己,关注自己的优点,保持积极,减少自怨自艾和抱怨。要得到爱,首先要爱自己。

我们看到了这样的信息:在 1989 年盖洛普的调查中,85% 的美国人认为"自我感觉好或自尊自重"**非常**重要,尽管这一人本心理学的信条说着容易做着难,但其中确实蕴含着智慧。

然而,另一个研究发现则十分惊人。已故心理学家卡尔·罗杰斯(Carl Rogers)发现,大多数人"看不起自己,认为自己无价值、不可爱"。许多人本心理学推广者同意这一观点。约翰·鲍威尔神父提出:"我们都有自卑情结。看起来不自卑的人,也只是在伪装而已。"马克·吐温(Mark Twain)则认为:"在内心深处,没有人真正尊重自己。"格劳乔·马克斯(Groucho Marx)开玩笑说："我绝不会加入一个愿意接受我这种人的俱乐部。"

事实上，大部分人对自己的看法都还不错。在自尊相关研究中，哪怕是得分低的人，也处于分值的中间地段。（对于"我的想法很好"这样的描述，低自尊者的回应往往是"一定程度上"或"有时候"确实如此。）此外，社会心理学中极具挑衅性，但已确立的结论探讨了"自我服务偏向"的效力：

  在实验中，人们更愿意为好事承担责任，而非坏事；更愿意为成功承担责任，而非失败。运动员私底下会把胜利归功于自己的实力，失败则是因为没休息好、裁判问题或其他球队表现太好。六项研究发现，考试成绩很糟糕的时候，学生就会批评这次考试。在保险公司的资料里，事故司机常用这样的话解释交通事故："一辆根本看不见的车从不知哪个地方蹿出来，撞到我的车上，然后消失了。""走到十字路口的时候，一道绿化带冒出来了，挡住我的视线，根本看不见那辆车。""一个行人撞到我，钻进了我的车底。""我到底做了什么导致事情变成这样？"人只有在碰到麻烦的时候，才会这样问自己，成功的时候不会问，因为那时认为是自己应得的。

  在几乎所有主观和社会期望维度上，大多数人都认为自己属于中上水平。在全国范围的调查中，大多数企业高管都认为，自己的道德水平超过同行的平均水平。在几项研究中，90%的企业经理和超过90%的大学教授，认为自己的表现优于一般同行。在澳大利亚，有86%的人认为自己的工作表现超过平均线，只有1%的人认为自己低于平均线。

自我服务偏向与如今的流行心理学观点相悖，但不断增加的证据流消除了所有疑点：我们对过去行为的记忆和评价都会有所美化。我们对信念和判断的准确性过度自信。我们高估了在大多数人行为不佳的情况下，我们会多么渴望采取行动。比起不带奉承的话语，我们更容易相信对自己的奉承话，还会对夸奖自己的心理测试结果印象深刻。我们通过高估别人对自己的支持和分享，低估自己优势的平凡性，支撑着自我的形象。我们会展示集体自豪感，认为自己所属的集体（学校、国家、种族）具有优越性。

　　此外，骄者必败。从军备竞赛到婚姻问题，各种冲突背后都隐藏着自我服务偏向。与婚姻幸福的人相比，不幸福的夫妻总会将问题怪罪于对方身上，从而更容易表现出自我服务偏向。调查显示，离婚的人将分手归咎于配偶的可能性是归咎于自己的十倍。此外，还有许多其他发现。我忍不住要套用伊丽莎白·巴雷特·勃朗宁(Elizabeth Barrett Browning)的诗句：我怎样爱我？让我逐一道来。①

　　很多人反对这一观点。他们认为很多人似乎都很鄙视自己，认为自己无价值、不可爱。如果自我服务偏向真的存在，那么，为什么这么多人都在贬低自己？

　　有时，人们的自我贬低具有微妙的战略意义，他们会用令人安心的方式来打击自己。"真希望我没那么丑"这样的话，通常得到的反应至少是："别胡说，我认识好多人都比你难看"。还有些时候，在比赛或考试前的自我贬低评价，是为可能的失败做准备。教练会

---

① 原文是"How do I love thee? Let me count the ways." 即"我怎样爱你？让我逐一道来。"——译者注

极力赞扬即将到来的对手,高度赞颂对方的力量,因为这样一来,失败是可以理解的,成功则分外醒目。

即便如此,事实还包括:每个人都会时而感到自卑,有些人甚至经常感到自卑——特别是在与那些在地位、等级、外貌、收入或机敏程度比自己高一两个档次的人比较时。瞧瞧安吉拉的约会对象,看看伊恩的各种荣誉,总会有"别人家的孩子"让我们普通人自惭形秽。自惭形秽的感觉越深刻、越频繁,我们就会变得越不幸福,甚至抑郁。正如我们所见,被贬低的自尊会导致恶毒的判断论。

因此,对大多数人而言,"积极的幻觉"可以防止焦虑和抑郁,保持身心健康。适度的自我增强型幻觉对人们最有效。华盛顿心理学家乔纳森·布朗(Jonathan Brown)说,我们就像磁悬浮列车,刚刚好飘起来那么一点的时候功能最佳,不要太高——那会翻车、碰撞,也不要太低——摩擦过强会导致列车停止。大多数人对自己的评价比较高,而无法改变的现实在很大程度上解释了为什么我们大多数人确实相对幸福,对生活相当满意。

心理学家罗伯特·拉斯金(Robert Raskin)、罗伯特·霍根(Robert Hogan)和吉尔·诺瓦切克(Jill Novacek)认为,一部分人的自尊可以称为"健康"而非"防御"。这些人更容易感到幸福、满意。具有"防御性"自尊的人,可能十分渴望得到认可,有意识或无意识地假扮出一种自我,以实现浮夸的自我理想。防御性的人通过管理自己创造的形象,拒绝威胁或痛苦,来保持自尊。更健康的自尊是积极而真实的。因为它是基于现实理想的真正实现,以及一种接纳自我的感觉——也许被弥漫在幸福观中的积极偏见所影响的感觉——健康的自尊为持久的快乐提供了一个不那么脆弱的基石。

自我控制感：幸福的人相信是自己选择了命运

在《地狱中的唐璜》一剧中，萧伯纳（George Bernard Shaw）预言了其研究结论："随波逐流就是身处地狱，自己掌舵则是身置天堂。"总结密歇根大学的多次全国性调查，安格斯·坎贝尔评论道："生活中强烈的自我控制感，比我们所考虑的任何客观生活条件都更能预测积极的幸福感。"15%的民众认为能够掌控生活，同时对自己感到满意，"有非常强烈的幸福感"。在这些人中，60%的人报告自己非常幸福（比例是全国平均水平的两倍）。

心理学家用两种基本方法来研究人格特质的影响。

其一：考察某个特质的得分与其他感觉、行为的相关关系。你会更同意"我对自己的人生方向没有足够的控制权"，还是会更同意"发生在我身上的一切都是我自己做的决定"？更同意"世界由少数有权势的人把控"，还是更同意"普通人可以影响政府决策"？对这些陈述的反应更倾向于"内控"的人，通常学习成绩更好，压力应对能力更强，生活得也会更幸福。

其二：实验法。提高或降低人们的自我控制感，记录其影响。当实验室动物和被压迫的人体验到重复的创伤，超过他们可控制的范围时，就会感到无助、抑郁。无法逃离电击的狗，就像患有抑郁症的人，会体验到意志麻痹、消极接受和冷漠。在集中营、监狱，甚至是工厂、大学和疗养院，缺乏控制感的人士气低落、压力大，也会出现更多健康上的问题。87岁的心理学家詹姆斯·麦凯（James MacKay）这样说：

去年夏天，我成了一个非人类。我的妻子有膝关节炎，必须使用助行器，而我却恰恰在这个时候摔伤了腿。我们进入了疗养之家。这里有疗养，但不是家。医生和护士长决定一切，我们只是活着的物件。谢天谢地，我们只住了两周……疗养院院长训练有素，非常有同情心。我觉得它是这一带最好的疗养院。但自从入院之后，我们就变成了非人类——直到出院，离开那里。

类似的失控会加剧贫困的压力。金钱对幸福的微小影响与其说是能让我们拥**有**想拥有的东西，不如说是能让我们**做**想做的事情——让我们感到被赋予权力，能够掌控自己的生活。社区精神病医生马修·杜蒙特（Matthew Dumont）在切尔西工作，这里是马萨诸塞州人均收入最低的地方，他反思了容易陷入困难的人们的无力感：

什么是贫困？很快我就明白了，它的病原体不仅仅是缺钱。切尔西的一位低保户所拥有的钱和购买力，对非洲卡拉哈里沙漠的狩猎—采集部落成员来说，简直像是绑票国王拿到的赎金一样可观。然而，与那些部落成员相比，我们的低保户似乎格外贫困。仔细观察一下切尔西的生活，就会明白这个悖论。切尔西居民拥有猎人们闻所未闻的物质，然而，尽管购买力并不差，但他们对自己的生活环境几乎毫无控制力。另一方面，卡拉哈里猎人的努力，可以直接影响自己的生活状态和生存的可能性。

加强控制感可以显著改善人们的健康和士气。耶鲁大学心理学家朱迪斯·罗丁（Judith Rodin）的一项研究鼓励在家护理的病人获取更多控制感——选择自己的生活环境和保险单。结果，93%的人变得更加警醒、活跃和幸福。在允许囚犯移动椅子、开关房间灯光和电视机,以及让工人参与决策之后,也取得了类似的结果。

尽管行为科学有时会被指责低估了传统价值观,但这些研究的结论令人很安心:在民主、自由的条件下,人们能成长得最好。这就是稳定、民主的国家公民会更幸福(见本书第 1 章)的原因。

在 1990 年的调查中,莫斯科大学的加利娜·巴拉茨基(Galina Balatsky)和伊利诺伊大学的埃德·迪纳发现,俄罗斯大学生的生活满意度相对较低,显著低于人均 GNP 水平相近的其他国家。

南非前总统纳尔逊·曼德拉(Nelson Mandela)出狱之前不久,我问一位南非黑人牧师,他在我们社区待的一年有没有改变他。他说,让他感到惊讶并且改变看法的,并不是美国的富裕,而是对生活的控制感。"作为一个在贫困中长大的人,我曾相信钱能买到幸福,但现在不信了。在美国,我见过许多富人,他们拥有大量财富,拥有能用钱买到的一切,但他们很烦恼,也不幸福。但是我不会担心他们对我做什么。回到南非之后,我还是会记得自由的感觉。"

幸福的人也能通过有效管理自己的时间而获得控制感。空闲的、无所事事的时间有时会令人不满意,尤其是对于那些无法计划、安排时间的无业者。睡懒觉、闲逛、看电视,都会留下空虚感。对于幸福的人来说,时间"会被安排、计划得很好。他们很守时,很有效率"。牛津大学心理学家迈克尔·阿盖尔认为:"在不幸福的人身上,时间往往没有安排、很开放随意,他们经常拖延,缺乏效率。"

管理时间的方式之一是设定大的目标,然后分解成日常生活中的一个个小目标。在写书之前,我会制订每周的进度表。我的目标不是确定在某个日期完成整本书,那太遥远了,无法激励我做好眼下的事情。写一本 600 页的书,听起来就很难,但每周写 3 面手稿似乎就变得容易多了。重复这个过程400遍，然后！你最后就会写出1200面的手稿。这真的没有那么难，每天达成当日目标也就变得相对容易。（我们经常高估每天能完成的工作量，但也时常**低估**每天完成一丁点任务，日积月累下来，每年能完成的工作量。）此外，每一个小标题都会让你品尝到甜美、自信的**自我控制感**。

乐观：幸福的人充满希望

我在诺曼·文森特·皮尔与露丝·斯塔福德·皮尔科学中心工作，隶属于霍普学院（Hope College），在这里的办公室中写下这一章节，非常应景。相信"有了足够的信心，你几乎能做到任何事"和"承担一项新任务时，你希望自己能成功"的人，可能有点儿飘飘然。然而，面对着同样的半杯水，认为"这是个半满的杯子"的人往往比认为"这是个半空的杯子"的人更幸福。罗纳德·英格尔哈特相信，在这一态度上的文化差异，解释了不同国家人们生活满意度和幸福感的差异。与那些生活在幸福国家的居民相比，相对不幸福的国家居民表现出更少的信任，更愤世嫉俗的态度。

正如前文所述，乐观主义者也更健康。几项研究发现，用悲观的方式解释糟糕的事件（比如认为"这是我的错，它会持续下去，毁掉一切"），会让人们更容易生病。1946年，人们对一批哈佛大学毕业生进行了访谈，发现其中最悲观的人，在1980年的随访中最不健康。弗吉尼亚理工大学的学生中，对不良事件反应悲观的人，在后续的一年中更容易患感冒、喉咙痛和流感。总的来说，乐观的人较少受到各种疾病的困扰，从心脏搭桥手术和癌症中恢复得更好。血液检测提供了一个理由，发现乐观与更强的免疫防御能力正相关。

乐观主义者也容易获得更大的成功。他们不认为挫折是因为自己无能，而将挫折看作意外或换条路的指引。心理学家马丁·塞利格曼发现，在大都会人寿保险公司的新业务员中，采用乐观陈述来应对糟糕事件的人卖出去的产品更多，在第一年就离职的可能性则是其他人的一半。塞利格曼的发现很快就在实践中得到了印证，乐观的业务员之一鲍勃·戴尔完成乐观性测验之后，就打电话给他，并且卖出了一份保险。诺曼·文森特·皮尔在《积极思维的力量》中写道："用消极的思维方式去想问题，就可能得到消极的后果。如果用积极的思维方式想问题，就会获得积极的结果。这是一个简单的事实……事关繁荣与成功的至理。""好消息是……坏消息也能变成好消息……只要你改变自己的态度！"罗伯特·舒勒在《幸福的态度》(The Be-Happy Attitudes)中写道："两千年前，维吉尔（Virgil）在《埃涅阿斯纪》(Aeneid)中写过同样的道理：'他们之所以做得到，是因为相信自己能做到。'"

塞利格曼等人的新研究，肯定了皮尔、舒勒和维吉尔对乐观的乐观态度，他们的意见确实值得听取。一个习惯于对人对事说"是"的人，往往比习惯否定的人更快乐，也更爱冒险。

然而，正如帕斯卡尔所教导的那样，单一的真理不足以阐明问题。物理学家尼尔斯·波尔（Niels Bohr）说："世界上有两种真理，一种是琐碎的真理，另一种是伟大的真理。琐碎真理的反面是拙劣的谎言,而伟大真理的反面仍然是真理。"要确认有关乐观主义的伟大真理,我们也得记住一条补充真理:不切实际的乐观也存在危险。

飘飘然的梦想家总会提醒我们,每片乌云都有金边。首先,当坏事在别人身上发生的时候,乐观主义者可能会用新时代版本的"受害者有罪论"来加强内疚或蔑视:"她的癌症复发了?真糟糕——她一定是个消极思维的人。"这样一来,死亡就成了"终极失败"。

其次,不切实际的乐观主义者可能无法采取合理的预防措施。本书第1章中写过,乐观主义导致很多人认为自己不会出车祸、离婚、罹患癌症或艾滋病,也不会考试失败,这让他们的生活更充满冒险、更积极进取,同时也冒着无法保护自己的风险。

用不了多久,大多数美国高校的高级管理人员都会感到失望。由于18岁到22岁这一阶段人口的暂时性下降,美国教育部预测,到1995年,大学录取人数将下降。然而,1990年,美国教育委员会进行调查时,只有5%的高校管理者认为在接下来的五年内,**自己学校**的招生率会下降;反过来,83%的高校管理者认为自己学校的招生率会**上升**。这种现实与希望的冲突展现了不切实际的乐观主义带来的问题。尽管学生整体规模缩减了,仍有一部分高校打算扩招,这些学校的管理者可能属于乐观之人,认为自己"一定能做到"。然而,如果这种整体性的乐观主义没有改变,很多高校可能会面临严重的财务压力。

一旦希望破灭,随之而来的可能就是羞耻和沮丧。如果你相信那些有关积极思维的鼓舞人心的信息和口号,诸如"相信自己具有魔力。"百尺竿头更进一步,你总能做到更好",那么,如果你的业绩、收入和社会层次没有节节攀升，那是谁的错呢？如果我们的婚姻不再那么浪漫，孩子之间争吵不休，自己也不如梦想中那么成功，那应该将问题归咎于何方呢？我们只能责怪自己：如果当初梦想更大一点、更努力一点、更自律一点、更聪明一点……那该多好啊。梦想破灭之时，最大的梦想家往往摔得最重。无限的乐观会滋生出无限的挫折。1727 年，诗人亚历山大·蒲柏（Alexander Pope）在一封信中建议道："人无所求最享福，因他不为失望苦。"

所以，幸福的秘诀是既不能只有积极思维，也不能只有消极思维，而是需要将二者结合在一起，我们需要**充分的乐观主义**来提供希望，也需要**少许的悲观主义**来防止自满，还需要足够的**现实主义**来区分我们能控制和不能控制的东西。神学家莱因霍尔德·尼布尔（Reinhold Niebuhr）具备这种智慧，他向上帝献上了《宁静祷文》："上帝，请赐予我优雅，让我能宁静地接受那些无法改变的事情；请赐予我勇气，改变那些可以改变的事情；请赐予我智慧，看清这两者之间的差别。"

外向性：幸福的人更外向

幸福的人自尊水平会更高，自我控制感会更强，人也会更乐观，往往也更外向。如果你觉得"幸福的人更外向"看起来很理所当然，别忘了，之前也有很多看起来很"理所当然"的误解。同时，看到"乐观能滋养喜悦"这种老话，你恐怕就要打哈欠了。

但反过来看，也很理所当然。法国人拉·罗什福科说："习惯于最坏的情况会降临在自己身上，你会失去所拥有的一切。"由于事情常比想象中好，悲观主义者会感到欣慰；乐观主义者则往往生活在失望中——如果真是如此，就可以很好地解释悲观主义的"乐趣"。

对"我早就知道"现象的研究发现，事后看来，**大多数**发现似乎都不过是常识，都是我们每个人本就可以预料和解释的。如果告诉普通大众，人们容易被与自己不同的人吸引，得到的反馈可能是："研究这个也能挣钱？人当然有追求差异的需要啊，这就是所谓的'异性相吸'！"然而，真相是人们更容易被与自己**相似**的人吸引，人们又可能说："我奶奶都说过，'物以类聚'嘛。"（这就是人们常说的"事后诸葛亮"，也叫"后见之明偏差"。）同样，如果事情反转了，我们说内向的人最幸福，也可以给出简单的推理——当然了！内向的人较少压力，更平静，与人相处也更平和。

但事实并非如此。许多研究发现，外向的人（开朗、爱交际）报告的幸福感和生活满意度更高。罗伯特·埃蒙斯和埃德·迪纳在对美国大学生的研究中，重复地观察到了外向与幸福感的正相关关系，此外，迈克尔·阿盖尔和陆洛对英国学生的研究、布鲁斯·海迪和亚历山大·佩林（Alexander Wearing）在澳大利亚等国家的调查中，也得出了同样的结果。保罗·科斯塔和罗伯特·麦克雷对美国老年人的研究结果也与之一致："外向的老年人更具生活的兴趣，甚至能够激励我们年轻人。"

相应的解释看起来有循环释义的嫌疑。保罗·科斯塔和罗伯特·麦克雷在报告中说："因为外向者更开心、更活跃。"走进一间满是陌生人的房间，如果我们能向大家热情地自我介绍，就更容易被别人接纳——自信的人会很容易做到这一点，因为他们相信别人会像自己一样喜欢自己。这种态度有可能导向自我满足，让外向者体验到更多积极的事。吉斯·马格纳斯（Keith Magnus）和埃德·迪纳曾对一些伊利诺伊大学的学生进行了研究，此后在四年后又追踪研究了这一批已经毕业的学生，发现生活对待外向者更友好。与内向者相比，外向者结婚、找到好工作、找到新的好朋友等可能性更大。

显然（也是一种理所当然），外向的人更常与人交往，朋友圈的人数更多，更常参与社会活动，体验了更多情感，也具备更多社会支持。后文将进一步提到，社会支持是幸福感的重要源泉，见下图。

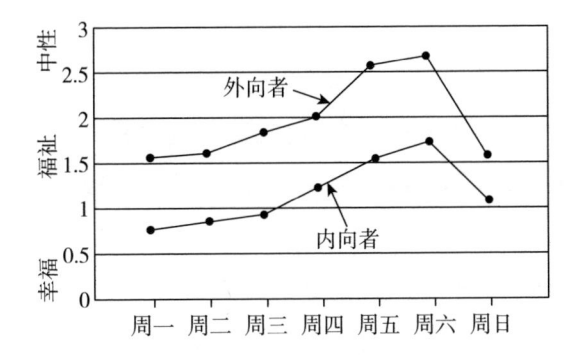

图表：外向与幸福感关系。 兰迪·拉森和玛格丽特·卡西马蒂斯（Margaret Kasimatis）要求普渡大学的学生每天进行情绪评级，后发现随着周末的到来，大家的情绪会显著变好。然而，无论是哪一天，外向的学生给出的情绪评级都要更幸福、更开心愉快

资料来源：拉森（Larsen R J）、卡米塔斯（Kasimatis M）. 每周情绪变化的个体差异[J]. 人格与社会心理学. 1990,58(1):164—71.

由行动开启新的思维方式

在对幸福之谜的追寻中——谁是幸福的人？为什么？——前面的章节拆穿了一部分流行的谬误。现在，我们开始逐渐体会到幸福究竟**是**什么。幸福意味着具有较高的自尊水平（大部分人都具备），有自我控制感和乐观、外向的性格。

说起来容易，但我们要怎样加强这些特质呢？如果我们希望自己变得更幸福，能不能想办法变得更积极、更有主见、更自信和外向呢？能发生多大变化？

为了回答后一个问题，一些研究者探索了同卵双胞胎（共同成长或分开成长）的人格，另一些研究者对比了收养儿童和养父母（提供了家庭环境）、生物学父母（提供了基因）的关系。这些"行为遗传学"研究体现了遗传对人格的影响。"更开朗一点"或"观点更乐观一点"等善意的建议，让人们肩负起**选择**自己基本气质的责任。人们把自己的基本性格带到了这个世界上，这比这些建议者能意识到的更多。

越来越多的研究发现，人们的性格特质具有持续性，尤其是在童年结束之后。正如前文所述，那么多不幸福的问题儿童成长为有能力、成功的成年人，追踪生命发展历程的发展心理学家有时也会被震惊（如果你的孩子是问题青少年，请鼓足勇气吧）。然而，人格确实具有内在的一致性。与温和有礼的 9 岁男孩相比，暴脾气的孩子到了 40 岁时离婚的可能性翻倍了。瑞典一项研究发现，存在做坏事的倾向、具有高度侵略性的 13 岁孩子，长大之后，犯罪率和酗酒率也高于普通人。20 岁左右，外向、情绪稳定、开放、宜人、责任心等特质也会稳定下来。例如,塞利格曼在报告中说,乐观主义是一种稳定的特质:"17岁时,一个女孩因为没有男孩追求而说'因为我不可爱',50年后,她的孙子孙女不来探望,她同样会说,'因为我不可爱'。这个故事告诉我们,这是一种相当稳定的特质。"

请记住,伟大真理的反面仍然是真理。我们可以承认,基因倾向和无形的社会压力会限制我们。然而,我们也确实有能力改变自己的命运,因为我们既是所处社会的产物,也是创造者。我们可能是过去的产物,但也是未来的设计者。基因对外向等特质确实有影响,但这并非严格的基因决定论。人格和瞳色不一样,并非完全由基因决定。我们确实具有一定的与生俱来的基因倾向,然而,其中也有大量空间留给成长过程和个人努力。今天的我们塑造了明天的自己和明天的世界。

过去三十年中,如果说社会心理学家证明了什么,那就是我们选择的行动会影响我们的内心。每一次行动都会放大人们内心深处潜在的想法或倾向。大多数人都认为,我们的性格和态度会影响行为——这没有错(尽管这一影响可能没有人们想象中那么大)。但反过来,性格和态度也会**跟随**我们的行为。我们可以由思想开启新的行动方式,也可以**由行动开启新的思维方式**。

许多证据和经验证实,态度取决于行为。例如,不道德的行为会塑造自我。如果一个人被诱导或写下自己不太相信的陈述,往往会真的接受这些小的谎言。说出来的话可能会令自己信以为真。想想看吧,许多人在伤害他人的同时,也会贬低受害者。大多数受过教育的人都听说过斯坦利·米尔格兰姆(Stanley Milgram)著名的服从实验。在这一研究中,实验者要求康涅狄格州的一部分成年男子测试一种新的教学方法，对答题错误的人实施惩罚。被这样要求之后，65%的被试给尖叫着的受害者（由演员扮演）施加了450伏特的电击，尽管他们自己认为这会对受害者造成伤害。为什么要如此顺从呢？如果是你，你也会这样做吗？

说"不会"之前，请先想一想，这些人的行为如何影响了他们的思维模式。被试一开始都没有采取伤害他人的行动，只是对回答错误的人（演员）施加了微不足道的15伏特电击，这种电击只会给人带来难以察觉的轻微感觉。接下来，他们会逐渐提高电击强度，从15伏特到30伏特，再到45伏特，以此类推。假扮受害者的人发出第一声呻吟时，被试已经遵照要求实施了5次电击，并开始将这样做的原因内化，即认为受害者很愚蠢、很固执。行为和态度会在不断升级的螺旋中互相滋养，导致普通人成为邪恶的主体。

20世纪70年代初，希腊军政府曾经做过类似的事情，训练了一批年轻人成为刑讯者。一开始，人们根据服从倾向选择受训者，然后指派他们看守囚犯、参与逮捕、偶尔殴打囚犯、旁观酷刑，最后自己参与实践。顺从孕育了接纳，让一个正常的人成为邪恶的主体。残忍的行为孕育了残忍的态度，从而进一步加剧这种残忍性。

幸运的是，这一原理也会以另一种方式生效：品行端正的行为会塑造自我。能够抵御住诱惑的孩子，往往也会更有道德。利他主义者往往会喜欢自己帮助过的人。社会心理学家预测，取缔种族隔离的政策有助于减少偏见。犹太传统认为，要解决愤怒，就请送给你的愤怒对象一个礼物。

对我们所有人来说，这是一个具有实用性的准则。你想改变自己身上一些重要的地方吗？比如说，提升自己的自尊水平？变得更乐观、更外向？强有力的方式或许是做起来，去行动。不要怕自己可能不喜欢，先假装自己喜欢，然后去做。假装自己很有自尊，假装乐观，假装外向。

在很多实验中，实验者要求来访者写一篇短文，或者在访谈者面前表现自己，一部分来访者在表现中抬高自己，另一部分则贬低自己。那些**假装**自己特别聪明、充满爱心、善解人意的人，在随后与访谈者的一对一谈话中，表现出的自尊水平较高。一些心理治疗技术（如行为疗法、合理情绪疗法、认知疗法）能够利用这一"言而成真"现象，邀请来访者练习更积极的言谈和行为。在暂时控制情绪的实验中，埃米特·维尔滕（Emmett Velten）创建了一种常用程式，比如，请人们思考或大声朗读以下句子，如"如果你的态度好，事情发展就会好，所以我的态度也会好"和"这很好，我感觉特别好，我对眼前的事物感到满意"。这一程式令人想到诺曼·文森特·皮尔的"每日精神提升法"，他认为"一颗快活的心跟药物一样管用"。他敦促人们阅读并重复这样一句话，"品味其中意义，感受它在你内心深处的驱动力"。

是的，告诉人们积极行动、积极说话，听起来像是教育大家不要虚伪做作。但是，正如我们第一天"扮演"家长、销售员或教师的角色，开始进入新角色后，会发生令人惊讶的事情：虚伪逐渐消退了。我们会发现，作为家长或伪专业人士虽然存在不适感，但并非是被迫的。新的角色——新行为及与之相伴的态度——逐渐开始像旧牛仔裤和旧T恤一样舒适。

1872年，查尔斯·达尔文（Charles Darwin）在《人与动物的表情》（*The Expression of The Emotions in Man and Animals*）一书中指出，人类的姿势和面部表情都能影响情绪。有一天，我开车时听着音响中的《假装微笑吧》，心里想着"那也太假了吧"。但我忽然想起达尔文的假设，于是试着先是露出一个大大的笑容，然后生气地皱起眉头——你也可以试试看，能不能感受到二者带来的差异？

在数十个不同的实验中，参与者都发现了其中的差异。克拉克大学的心理学家詹姆斯·莱尔德（James Laird）让学生参与者"收缩这部分肌肉""让两边的眉毛往中间收拢"，巧妙地诱导学生皱起眉头，与此同时，他将电极贴在他们脸上，这些学生报告自己感到有点愤怒。与皱眉者相比，被诱导微笑的学生感到更幸福，也认为同样的卡通片更好笑。经常微笑，人的内心会感到更愉快。如果总对世界怒目而视，整个世界似乎也在对你怒目而视。

热恋中的情侣往往会相互凝视很长时间（本书第9章会进一步讲这个话题）。亲密的眼神接触会让陌生人产生类似情侣的感觉吗？为了回答这个问题，琼·凯勒曼（Joan Kellerman）、詹姆斯·李维斯（James Lewis）和詹姆斯·莱尔德做了这样一个实验，请一对对不熟悉的男女组成搭档，凝视对方的手或眼睛两分钟。结束之后，相互凝视眼睛的人报告说，对彼此产生了更强的吸引力和情感。表现出好像很喜欢对面的人，或许，真的喜欢上了对方。

横着咬住一支笔（这会调动与微笑相似的肌肉），也会让卡通片更好笑。但如果是发自内心的笑容（不只是嘴的动作，还包括颧骨肌提升），效果会更好。或者，也可以尝试大步行走，双臂大幅度摆动，双眼直视前方。莎拉·斯诺德格拉斯（Sara Snodgrass）曾对斯基德莫尔学院学生做过这样的研究，与迈着小步、拖着脚步低头走相比，大步行走是否会让人更幸福？答案是：**"装模作样"也能激发相应的情绪。**

你一定曾注意过类似的现象。比如说，某天你心情很烦躁，但电话响了，接电话的时候，你打起精神，佯装欢乐。奇怪的是，挂掉电话之后，你心情好多了。这就是社交（电话、见面、相约吃饭）的价值所在：它能迫使我们假扮幸福，从而帮我们变得更幸福。这一切发生得非常自然。观察别人的面孔、姿态和声音，我们会无意识地模仿对方的实时反应，使动作、姿势和声调逐渐协调、同化。这样做有助于我们与他人的感受相一致。这也会造成"情绪传染"，有助于解释为什么与幸福的人相处会更快乐，与抑郁的人相处会更沮丧。

诚然，我们无法期望自己一夜之间变得非常积极、自信。然而，比起软弱地屈服于自己当下的性格和情绪，我们完全**可以**一步一步地拓展自我、提升自我。与其等到某天自己觉得想要拨打推销电话、想要联系某人或想要写一篇论文，不如直接开始行动。如果你感到过于焦虑、害羞或冷漠，可以先假装坚定。去做吧！拨出电话，联系那个人，拿起笔——要相信，随着行动燃起内在的火苗，这种"假装"很快就会成真。威廉·詹姆斯指出："如果我们想要克服某些不想要的情绪倾向，就必须刻苦地，甚至是冷血地，先假扮成自己想要的模样。"

第七章

工作和游戏中的"心流"

*

带来幸福的不是财富与辉煌,而是宁静与工作。

——托马斯·杰弗逊(Thomas Jefferson),给 A.S. 马克斯夫人的一封信在创世神话中，夏娃和亚当由于没有经受住诱惑而被驱逐出伊甸园，并被罚劳动："在劳作中，你应该进食……伴随着满脸汗水，你可以吃面包。"工作是件苦差事，令人劳累，周而复始。工作需要咬紧牙关，还会带来溃疡和事故，带来无聊、羞辱、疏远、不安全感、挣扎求生和疲倦。一天结束后，工人们总会在当地酒馆喝点小酒，放松一下。一周结束后，他们会高呼感谢上帝终于熬到了周五，然后迫不及待地投入周日，逃开工作的束缚。

然而，正如斯特兹·特克尔（Studs Terkel）所写，工作"既追求每日面包，也追求每日意义；既为了收获金钱，也为了获得认可，需要乐趣而非麻木；简而言之，是一种生活，而非趋向死亡的每周轮回"。通过工作，我们能定义自己，乃至给人生留下一份意义深远的遗产。

工作既是压力，也是好事——还是好的方面更多一些。至少对那些没有工作的人来说似乎是如此。几乎在每一个工业化国家中，调查都发现失业者的幸福程度显著低于其他人。赋闲听起来像是很幸福，可以逃离疯狂的职场竞争，躺在加勒比海滩享受日光浴，或是窝在沙发上看电视，或是无所事事地待着。但事实上，如果真的拥有了大量空闲时光，大部分人都不知道该做些什么。一段时间之后，空白的岁月逐渐流逝，无所事事就成了一种诅咒。

有一位29岁的男性，婚姻幸福，有两个孩子。他本来是一家出版公司的包装工人，一年前，因经济形势不佳被解雇。此后，他拿着失业保险金，开始渴望工作："我以前一点都不喜欢那份工作，因为太无聊了，就是把东西塞进箱子里，打包，仅此而已。但是同事都很好，待在那儿也挺不错的。现在，我真希望还能拥有这份工作，或者别的什么都行……现在我每天都在闲逛。如果待在家里，妻子就会疯掉，所以只能和其他人在街上转悠，无所事事。有工作的时候，我觉得自己有价值——虽没有很高的价值，但多少有一些。如今，一切都是浪费时间。"

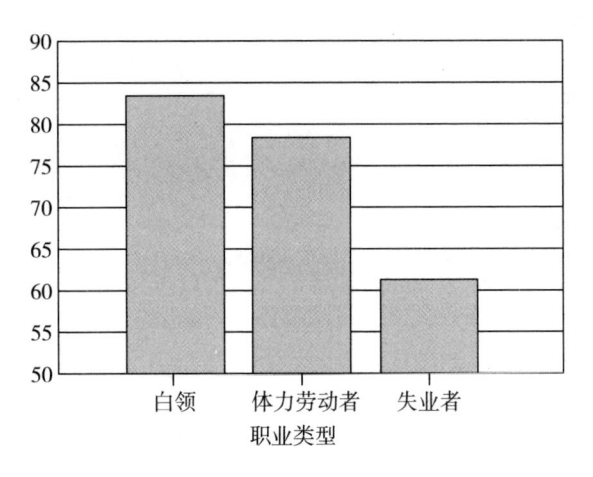

图："生活满意比例"

资料来源：罗纳德·英格尔哈特，《工业化社会的文化变迁》
（普林斯顿大学出版社，1990年）

有工作总比没有好，而更好的选择是做一份自己喜欢的工作。19世纪末20世纪初，俄罗斯作家马克西姆·高尔基（Maxim Gorky）预见了许多研究的结果："如果工作是一种乐趣，生活就会充满快乐！如果工作是一种责任，生活就像是被奴役。"**工作满意度会影响生活满意度**。（尤其是单身人士，因为婚姻和家庭生活给他们带来的压力和满足感相对较少。）

南加州大学心理学家雷娜·利帕蒂（Rena Repetti）通过研究37家银行的员工，肯定了工作环境对心理健康的影响。她发现，同事越投缘、越相互支持，工作者会越幸福、越不焦虑。对于已婚的人，工作带来的满足感和压力都会渗透到家庭生活中。一名男子回忆道："如果我这一天的工作很令人满意，回到家后，我也会更喜欢和享受家庭生活，从而感觉这一整天都很幸福。"此外，人们在工作团队中学到的社交技能可以有效改善家庭生活。一位装配团队成员说："从工作中，我学到了如何更有效地与丈夫沟通。真的很管用！毕竟家庭也是一种团队。"

什么样的工作令人满意？

那么，对大多数人而言，工作带来的好处多于坏处。然而，**为什么工作对幸福感如此重要**？什么能让工作不那么单调繁重，多一些回报呢？

一位失业的年轻女性提供了线索。她不需要钱。然而，有挑战性的工作"能让我感到更有价值、更独立、更自由"。对她而言，以及对大多数人而言，工作能增强**自我认同**。如果有人问我"你是谁"或"你在做什么"，工作（"我是霍普学院的教授"）往往是我最常给出的答案。工作有助于定义我自己。

通过工作，我们也能认同**社区**。我对社区的感受根植于部门团队中的各位朋友，我们相互支持，拥有同样的目标，具有同样的专业。这种自豪感和归属感有助于我们构建相应的社会认同感。

工作可以为我们的生活增添意义。职业可以是一种召唤，感召人们去贡献一些有价值的东西，留下一点遗产。伍德罗·威尔逊（Woodrow Wilson）说："准确完成的任务都不是真正的私人任务，而是世界任务的一部分。"我自己的职业——我的目标——是通过口头和书面教学来推进真理和理解。其他人则可能认为设计或制造产品、种植或分销食品，或是帮助需要帮助的人……很有意义。斯特兹·特克尔说："芝加哥的钢琴调音师找到了令人愉悦的声音，装订工人挽救了一段历史，布鲁克林的消防员拯救了一些生命……他们有一个共同的特征：工作的意义远远超过了薪水。"幸福是热爱你所做的事情，并且知道它很重要。

想想看，如果你突然继承了一大笔财产，还会继续工作吗？四分之三的人会回答：会。如果人们体验到了工作的非物质回报——认同感、归属感和目的感，几乎每个人都会回答"会"。当被问及他们如果有机会，是否会选择同一份工作时，体验到非物质回报的人中有五分之四回答"会"。没有体验到非物质回报的人里，更多人则会回答"不会"。

工作满意度相关研究发现，工作满意度最高的人往往在某个领域内具有较高职位。地位更高的工作也能提供更重要的幸福因素：

自我控制感。多项研究发现，更能控制自己的人——当他们能定义自己的目标和实践、能够参与决策时——工作满意度会上升。参与团队工作会增强共同的"我们的感觉"。一位面包房经理解释道："我们试图在高效率和人性化之间达成妥协。面包每天尝起来都应该是一样的，但你没必要把自己变成机器。日子好的时候，在这里很美。我们工作很努力，也笑得很开心。"

住在密歇根州荷兰小镇的每个人都熟悉赫曼·米勒公司（Herman Miller），这是美国第二大的办公家具生产商，也是十大被欣赏的公司之一（数据来自1989年《财富》杂志对8000名管理人员进行的调查）。赫曼·米勒公司有5500名员工被组成小团队。早在大多数美国人认识到日本公司按家族管理的模式之前，赫曼·米勒的雇员就能够参与工作决策，共享公司利润，并在入职一年后成为公司股东。公司没有人力资源总监，但有一位"员工副总裁"，其职责包括培养员工士气、保障员工提议和促进沟通。这种参与式管理方法的背后是一种企业哲学，即当员工受到尊重、关心，能够参与决策时，他们会更幸福、更有效率。"爱、温暖和私人关系等词肯定是相关的。"该公司董事会主席马克斯·德普雷说。从背后的非正式评论来看，赫曼·米勒公司的参与式管理造就了一支士气高于平均水平的员工队伍。

对于雇主来说，员工士气高当然是一件好事。与沮丧的员工相比，那些更幸福的人医疗支出更少，工作效率更高，缺勤率更低。因此，正如投资于产前护理和预防性健康护理可以降低净医疗成本一样，投资于员工幸福感也有益于公司的基本方针。如果早在1970年赫曼·米勒公司股票上市时，你就进行了投资，那就再好不过了。到了1991年，这笔投资的钱会变成25倍。

心流：挑战与能力相匹配

然而，工作往往不那么令人满意，原因有以下两个：当挑战超过了我们拥有的时间和能力，就会感到焦虑、压力太大；当挑战不足以满足我们的时间和能力时，就会感到无聊。在焦虑和无聊之间，是挑战与能力相匹配的中间区域。在这一区域，我们进入了乐观的状态，这一状态被芝加哥大学心理学家米哈里·契克森米哈赖称为"心流"。

处于心流中，会进入一种非自觉的投入状态。想象这样一个场景，你被某项活动所吸引，以至于思维不会涣散游移，对周围的环境变得无动于衷，而时间就在不知不觉中飞快流逝。契克森米哈赖通过研究艺术家们长时间专注于绘画或雕塑之后，提出了"心流"的概念。他们沉浸在某个项目中，全神贯注投入工作中，好像别的一切都不重要了。艺术家投身艺术领域，似乎更多地受到创作作品的内在奖励驱动，而非外在奖励（金钱、赞美、晋升等），见下图。

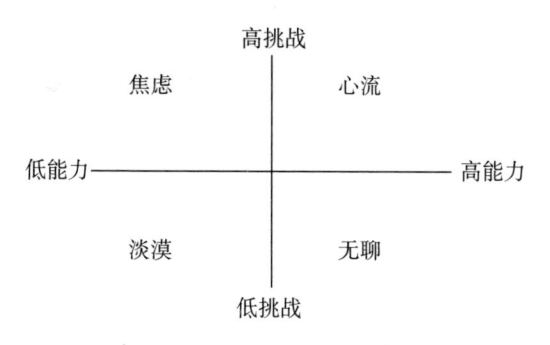

图：心流模型。当挑战与能力相匹配时，
我们往往会投身心流之中，物我两忘

马德琳·恩格尔（Madeleine L'Engle）将艺术家的专注比喻

成小孩子玩游戏："孩子会真正投入游戏之中，不仅觉察不到时间，也觉察不到**自己**。他会完全沉浸在正在做的事情之中，比如玩游戏、堆沙堡、画画……自我意识可能完全消失，意识完全集中在外在事物上。"我在街头打球的时候也是这种感觉。如果遇到了水平相当的对手，我可能完全觉察不到时间流逝，只会沉浸在球赛带来的心流之中。

后来，人们观察了舞者，棋手，外科医生，作家，父母，登山者，澳大利亚水手，韩国老人，阿尔卑斯农民和日本、意大利、美国一些青少年，汇总出了一条首要原则：参与一项能够完全发挥自己能力的活动，并感觉到心流，是一种极为振奋的体验。心流体验能提升自尊、能力和幸福感。如果以随机间隔发出"嘟嘟"的声音，并请被干扰的人报告自己在做些什么，是否感到享受，从事机械工作的人往往会回答没有心流、不满意；而正在做某些积极的、能发挥能力的事物的人，哪怕受到了同样的干扰，答案也会更积极——不管他们在工作、玩游戏还是开车。

研究证实，令人满意的工作的关键因素之一是具有挑战性。认为自己的能力受到考验、工作内容丰富、意义重大的员工，对工作的满意度最高。一位自豪的石匠这样解释："只要你喜欢做这件事，就不会感到厌倦。石头很重，工作起来很累。同时，我很喜欢自己的工作，感觉自己正以另一种形式与时间竞赛。这样一来，就不会选择放弃。"心理学家亚伯拉罕·马斯洛说："有创造力的人生活在当下，沉浸、着迷和专注于当下，就在这一境地，就在此时此刻，就在手中之事。"

但很多工作者并没有感觉到挑战。卡尔·马克思批判了工业资本主义对劳动的去人性化："持续的、成不变的劳动会毁掉人类动物精神中的强度和流动性。"与上文所说的石匠不同，许多工作者不认同自己的劳动产品，感到格格不入，认为工作单调乏味。查尔斯·里奇（Charles Reich）说："对大部分美国人而言，工作是盲目的、令人筋疲力尽的、无聊的、憋屈而可恨的，是一种不得不忍受的东西。而生活仅限于休假期间。"如果在工作时间内发出嘟嘟声，有25%的工作者可能根本没在工作，而是正在白日做梦、聊天或做自己的事情。

大多数劳动者对工作的满意度高于马克思或里奇的想象。然而，马克思察觉到了通过有意义的工作表达自我的重要性。契克森米哈赖在报告中说，长期在高挑战、高能力情境下积累生产力的人，能发展出更积极的自尊，大大超过将大部分时间浪费在冷漠、无聊或焦虑上的人。与不活跃的同龄人（每周有24小时在"闲逛"）相比，活跃的青少年自我感觉更好，对人生更满意。

要体验心流，我们需要找到工作中的挑战和意义，寻找能够充分发挥自己才能的体验。当我们以物我两忘的方式投入工作时，心流就可能出现。达到这一状态并不容易，需要个体和管理两方面的投入和努力。

我所认识的杰出人物之一是实业家约翰·唐纳利（John Donnelly），大多数美国产汽车的后视镜都由他的唐纳利公司制造。约翰于74岁去世，此前不久，他说："如果我一辈子只是在做后视镜，那又获得了什么成就呢？不能止步于此。"作为一名虔诚的天主教徒，唐纳利一定曾诵读过《公祷书》中的劳动节部分："所以，请引导我们做我们所做的工作，让我们不是只为自己而工作，而是为了公共利益。"除了制造增强安全性的汽车后视镜，约翰·唐纳利所做的善事还包括创造有意义、有参与感的工作体验。为了让员工具备团队精神,唐纳利有了将员工分成许多自我管理团队的工作想法。经济形势良好时,员工们共同分享利润;经济形势不好时,降低高层管理人员的薪水。这家公司的停车位不分普通员工和管理者。有一天,目睹年迈的唐纳利在停车场的冰面上滑倒之后,员工们暗中策划了一个礼物送给他:在他的办公室旁边竖起了一块标牌,划定了一个专属停车位。尽管很感谢大家,他仍然没有接受这个停车位,而是将标牌挪进了办公室。对唐纳利而言,每个员工的尊严和参与感,远比一个停车位或100万个汽车后视镜重要。

像约翰一样,每个能影响他人工作条件的人,都需要想办法将乏味、麻木的工作转变为有意义的工作体验。而那些无法控制工作条件的人,也有其他方法帮助别人感到工作的价值。读到东欧的人们买面包需要排长长的队伍、商店货架空空如也的时候,我的一位热情洋溢的朋友感到被平时习以为常的事物淹没了——他的隔壁超市货架上满满的食物。所以他跑去跟面包送货员说:"我想告诉你,你对我来说是一个很重要的人。你满足了我的基本需求。事实上,对整个社会而言,你都是一个很重要的人。"送货员十分感激地说:"先生,听到您这么说,我太开心了。"

此外,我们也可以尽可能去肯定他人的工作。在很多企业,每个部门的员工都很关键。为了促进自己的职业发展,完成公司任务,每个人都需要他人的帮助。读过我写的心理学入门教材的学生有些认为,因为我是作者,就必须按照他们需求的方式来写作。确实,我得对书中的每一个字负责,但读者的阅读体验会受到许多编辑和我请的诸多顾问、同事的影响。同样,如果你读的是本书的初稿(没有经过编辑修改),可能根本认不出来是同一本书。我享受与编辑之间的良好关系(也喜欢这带来的挑战),因为我强烈地意识到我们对彼此的需求和尊重，也从不后悔让彼此知道。

除了肯定他人工作的重要性，我们也可以挑战彼此。吃苦耐劳的人有一种天生的本领，能够将潜在的威胁和无聊的任务转变为有刺激性的挑战。契克森米哈赖研究了经常体验心流的人，发现有四种将逆境或厌倦转变为享受的方式：**设定目标**。下定决心成为一名优秀的网球运动员，或者在工作中更有效率，然后监督自己的进步。**让自己沉浸在活动中**。十几岁的时候，我特别讨厌洗碗，会想象自己代表美国参加奥林匹克洗碗机装载大赛（比谁能塞进最多碗碟，将手洗数量降到最低）。**注意发生的事情**。看运动会的时候，有些人喜欢在心里统计喜欢的选手得分。**享受直接体验**。等飞机的时候，欣赏周遭的人间戏剧，比如兴奋等待父母归来的幼童，带着难以抑制的激情珍惜最后一刻的情侣。以这种方式，我们可以将无意识的单调体验转变为有意识的投入。

我们也能通过更有意识的方式来增加心流——多做自己能做好、认为很有意义的事情，不做浪费时间的事。我们可以意识到，时间是一种只能消耗一次的资源——生命存在于时间之中。我们可以冒险争取找到喜欢的工作，工作就和玩耍一样。我的孩子们也有这样的想法。我的一个儿子很有创造力，喜欢户外活动，在做视频拍摄和制作方面的工作；我另一个儿子沉迷电脑，13岁就在学大学的计算机课程，准备从事计算机科学方面的工作——"这样一来，就有人花钱给我买玩具了。"许多伟大的人都会将工作与娱乐相结合，比如莫扎特（600首作品）和托马斯·爱迪生（1093项专利）。有些工作只有挣钱这一个目的——如果不给钱，谁都不会去做。借用C.S.刘易斯的话来形容："我正做着有价值的工作。如果没有人为此付钱，它依然很有价值。但由于我需要衣食住行，又没有其他个人收入,所以我在工作时必须拿到收入。"

最后,我们可以重新评估对闲暇时间的使用。契克森米哈赖通过提醒人们实时报告自己的活动和感受,震惊于:

自由时间的经验相对贫乏,大部分闲暇时间又很空虚……每个人都希望拥有更多自由时间,但如果真的拥有了,却又不知道要用来做什么。体验中的大部分维度都在退化:人们报告自己变得更消极、易怒、悲伤、虚弱等。为了填补意识层面的空虚,人们或是打开电视,或是寻找某种建构体验的替代性方式。这些消极的休闲活动去掉了混乱的威胁中最差的方面,但为个体留下了软弱和无力的感受。

一个例子:意大利研究者福斯托·马西米尼和马西莫·卡利(Massimo Carli)提醒被试记录体验时,如果被试在看电视,体验心流的可能性是3%,感到无动于衷的可能性是39%;如果被试者正投入于艺术或兴趣爱好,情况则反转过来,体验心流的可能性是47%,感到无动于衷的可能性是4%。事实上,休闲活动越**便宜**(往往也更投入),人们会越**幸福**。大多数人在从事园艺活动时比玩摩托艇时幸福,与朋友聊天比看电视幸福。

契克森米哈赖也报告了,独处且无所事事的人最不幸福:

在我们的研究中,独居、不参与教会活动的人,星期日早上是一周中最失落的时刻,因为没有什么需要关注,他们也不知道该做什么。每周的其他时间,心理能量会受到外在生活流程的引导,比如工作、购物、喜欢的电视节目等。然而,周日吃完早饭、看完报纸之后该做些什么?对很多人来说,缺乏规划的几个小时是灾难性的。

为什么人们好不容易获得闲暇时间,却任其成为契克森米哈赖所说的"一种毫不快乐的淡漠状态"？我们是不是花费了太多精力只为享受更活跃的休闲活动？如果是这样，为什么传统社会（比如泰国村落、阿尔卑斯农业社会）那么多人在田野里起早贪黑，然后用闲暇时间去纺织、雕刻、玩乐器，投入更多有心流的活动？问题好像出在我们的文化过于依赖电视机等被动式的休闲活动，无法将自由时间构建成有助于提高幸福感的形式。幸福不在于无意识的被动，而在于有意识的挑战。

如果你是整天窝在家里看电视的"沙发土豆"，改变起来吧！拿起相机，调好乐器，磨快木工工具，拿出绗缝针，给篮球充好气，放下书，给鱼线轮上油，去庭院商店，邀请朋友喝茶，放下拼字游戏，写一封信，开车出门，而不是根植于以自我为中心的无所事事，当你将身心完全投入活跃的工作和游戏中，你可能对出现的结果会很惊讶。罗伯特·路易斯·史蒂文森（Robert Louis Stevenson）指出："在生活的方方面面，失去自我就是成为赢家，忘记自我就能获得幸福。"

休息和 REST

英国小说家塞缪尔·巴特勒（Samuel Butler）写道："要做伟大的工作，一个人必须既非常勤劳又非常懒惰。"幸福的人也是如此，生活得充实、积极、勤奋，也要留出时间来恢复孤独和休息。

我不太希望让自己听起来像是老派的唠叨父母，但这是真的：

良好的睡眠带来良好的情绪。在实验中，被剥夺睡眠的被试往往感到整体上的莫名不适，特别是在最想睡觉的时候。我曾在大学工作25年，自我毁灭性的睡眠模式几乎就是大学生最不理性的行为，它会导致疲劳、警觉降低，引起失败和抑郁的情况也很多见。学期初，很多学生都计划得很好，并不打算每晚只睡4小时。但此时距离第一次考试还早得很，论文的截止日期还有一个月——管它呢！每一次消遣——玩玩游戏，聊聊天——似乎都是无害的。然而，虽然并不打算要失眠、疲劳和失败，但很多学生却走上了这条路，并承受了最终的结果。事实上，所有需要闹钟叫醒、白天仍感到疲劳的人，都在损害自己的生活质量。斯坦福大学睡眠障碍中心主任威廉·德门特（William Dement）哀叹："国家睡眠债务比国家货币债务更庞大、更重要。"因此，要拥有精力充沛、成功、快乐的人生，基本要素之一就是训练自己睡足觉，充满活力地醒来，准备好感受积极生活带来的心流。在近期一项针对洛杉矶市民的研究中，每晚睡7—8小时的人，罹患抑郁症的可能性只有其他人的一半。

对一些人来说，疲劳不是因为熬夜，而是因为难以入睡或保持睡眠。在极少数情况下，睡眠状态可以成为抑郁症的起因和症状。但我们一般人有时也会经历失眠。当我们感到压力或焦虑时，警觉性是自然而然产生的，也具有适应性。正如伍迪·艾伦（Woody Allen）在电影《爱与死》（*Love and Death*）中所说："狮子和羊羔可以躺在一起，但羊羔就无法好眠了。"

中年之后，夜里的清醒时间会成为日常——事实上，没有什么事物值得付出失眠、安眠药或酒精的代价。（诱导睡眠的药物会抑制与梦相关的睡眠阶段。此外，反复使用会失去药效，停用后又可能导致失眠恶化。）有失眠困扰的人，最好在睡前放松，避免吃油腻的食物（可以食用牛奶、碳水化合物，因为它们有助于大脑生成一种促进睡眠的化学物质）。最重要的是，避免小睡，按时睡觉（即使晚上失眠，第二天早上也要准点起床）。就像因时差而失眠的人一样，大学生有时会在周五、周六晚上让自己活在遥远的时区，然后试图在周日晚上调整回来，结果就导致了周日晚上失眠／周一上午低落。很多成年人也存在类似的情况，新的一周开始时，身体仍处于自然压抑的夜间状态。

英国哥伦比亚大学研究者彼得·聚德费尔德（Peter Suedfeld）团队通过实验发现，复苏不仅来自休息，更来自 REST（限制环境刺激疗法，Restricted Environmental Stimulation Therapy）。早期的感官限制研究发现，在单一的环境中独处，会提高人们对任何刺激的敏感性，包括外部刺激和内部刺激。因此，聚德费尔德请了数百位被试参与自己的实验，让他们用一天时间参与 REST，在一个黑暗、隔音的房间独处，静静地躺在一张舒适的床上，什么也不做。有充足的食物、水，也可以上厕所，还可以通过对讲机传递有说服力的简短信息。

REST 日能够显著地帮助人们增强自我控制——增肥或减肥，减少酒精摄入，增强演说流畅性，减轻过度紧张，克服非理性的恐惧，增加自信或戒烟。被试报告，这一体验是一种舒适而无压力的方式，能够减少外部刺激。这样一来，他们可以倾听内心寂静而微弱的声音。

以因为自我选择或迫不得已而体验过孤独的人作为案例，聚德费尔德提出，孤独具有治愈性的力量。船只失事、关禁闭或独自航行，对于那些感到被威胁、无助或痛苦的人来说可能是一种创伤。然而，这种经历也有积极的一面。孤独的探险家和水手往往有一种深刻的精神体验——与上帝的全新关系，与海洋或宇宙合而为一的感觉，改变生命的、洞见自己人格的全新洞察力。在日本，广泛采用的"静默疗法"将孤独与禅宗实践结合起来，抑郁症或焦虑症患者可能需要卧床休息、冥想一周。在非洲、亚洲、澳大利亚和美洲的许多文化中，一段时间的自我反省是成长的一部分，至少对男性来说是这样。正要变成男人的男孩，需要离开熟悉的环境，独自在沙漠、山脉、森林或草原漫步，寻找自我，思考自己的观点。最近，一项针对361名澳大利亚拓展训练项目（为期一个月的户外项目，包括"独行"体验）毕业生的研究发现，这种体验能持久地改善自我观念。

伟大的哲学家、科学家、艺术家和幻想家的经历证实了孤独带来的创造力。没有杂事打扰可能会引发生动的幻想和深刻的见解。澳大利亚原住民会"徒步旅行"，美洲原住民则通过静修完成精神上的追寻。

即使在最繁忙的日子里，我们也可以通过规划，享受短时间的孤独。心脏病专家赫伯特·本森（Herbert Benson）建议将冥想放松作为治疗压力的良方。要体验"放松反应"，现在请跟着我的指引来做：选择一个舒适的姿势。闭上眼睛。深呼吸。从脚到脸，逐步放松肌肉。好了，开始专注于一个单词或短语，别的想法会闯入你的脑海，但没关系，让它们慢慢消失，持续重复这一短语10—20分钟。如果能做到每天留出一两段安静的时间，许多人能享受到更大的宁静与内心的安详，同时还能降低血压、增强免疫力。近期一项令人惊讶的研究发现，每天凝思有助于延长寿命。马哈里什大学和哈佛大学的研究者找到了73名住在家里的老人，一部分人不做干预，另一部分人则每日凝思。三年后，无干预组中，四分之一的人去世了；而凝思组中，所有人都还活着。

这很讽刺。在这个时代，工作、购物和娱乐带来的喧嚣全年无休，欧美社会已经远离了传统的休息日，而与此同时，研究人员正在发现这种休息日（也是REST日）的治愈和更新能力。要拥有幸福，既要非常积极，也要学会休息。万物皆有时：出生有时，死亡有时；勤奋有时，躺平有时。华兹华斯（Wordsworth）在《序曲》中的诗句值得我们铭记：

> 距离更好的自我已经太远了。
> 被匆匆忙忙的世界分开，垂头丧气，
> 厌倦了功名利禄，厌倦了愉快劳累，
> 多么宽厚，多么和善啊，那是孤独。

第八章

友情因素

*

幸福意味着分享。
——高乃依,《罗什富科的笔记》

琳达和艾米丽有很多共同点。她们都参加了加州大学洛杉矶分校的社会心理学家谢利·泰勒的研究访谈，她们都是洛杉矶的已婚妇女，都有三个孩子，都患有乳腺肿瘤，做了手术，经历了六个月的化疗后康复。两人的差异在于：琳达50岁出头的时候，丈夫去世了，孩子分别在亚特兰大、波士顿和欧洲某地，所以她独自生活。泰勒在报告中说："在某些方面她变得有些古怪，孤独的人有时会出现这样的变化，因为没有人能与她分享日常想法，她会把这些生活琐事分享给陌生人（包括我们的访谈者），这种方式显然是不合适的。"

与艾米丽进行访谈也很难，只是困难的方式不同。电话访谈总会被人干扰。她的孩子们都住在附近，在家里进进出出，轻轻一吻母亲，放下一堆东西。她的丈夫会从办公室打电话过来，简单聊两句天。两只狗在屋里跑来跑去，热情地迎接来访者。总而言之，艾米丽"看起来是个真诚而满足的人，沐浴在家庭的温暖中"。

三年后，研究者试图再次访谈这两位女性，结果发现琳达已经去世两年了，而艾米丽仍然被家人、朋友所关爱、支持。她比以往任何时候都幸福。

由于每例癌症都不一样，我们不能确定，是否是不同的生活环境导致了琳达和艾米丽不同的结局。然而，这一对比也确实与多项大型研究的结论不谋而合：社会支持——比如，得到了亲密的朋友和家人的肯定和鼓励——可以促进健康和幸福。

亲密友谊与健康

我相信，我们都能轻易想象，为什么亲密关系可能导致**疾病**。我们的关系充满了压力。让－保罗·萨特写道："他人即地狱。"谢菲尔德大学的彼得·瓦尔（Peter Warr）和罗伊·佩恩（Roy Payne）询问了一个具有代表性的英国成年人样本，接受访谈的前一天，有没有什么事情让他们感到情绪紧张？如果有，是什么？"家庭"是最常见的答案。我们现在都知道，压力会加剧健康问题，如冠心病、高血压，还会抑制免疫力。

尽管如此，总的来说，亲密关系虽然会带来疾病，但其程度低于它带来的健康和幸福。研究者询问同一个样本，是什么促成了昨天的快乐？回答"家庭"的人更多了。这是我个人的体验（很可能也是你们的），最强烈的心痛源自家庭关系，而最强烈的快乐也源自家庭关系。

此外，六个大型研究都对成千上万个人做了持续数年的追踪，得出了同样的结论：亲密关系有助于健康。与缺乏社会联系的人相比，与朋友、亲人或紧密的宗教、社区组织成员关系亲密的人更不容易早逝。失去相应的亲密关系，可能加剧患病风险。一项芬兰的研究调查了96000名鳏寡者，发现在伴侣去世后的一周内，他们的死亡风险翻倍了。美国国家科学院研究了近期刚刚失去伴侣的人，发现这部分人更容易患病、死亡。

因此，社会支持和健康之间有着明确的联系。为什么？也许是因为享受亲密关系的人吃得更好、更常运动、更少抽烟喝酒；也许是因为社会支持能帮我们评估和克服压力事件；也许是因为支持我们的朋友和家人，有助于提高我们受到威胁的自尊。如果因为别人的不喜欢、失业等问题受到了伤害，听了朋友的建议、受到朋友帮助可能确实是良药。即使没有直接提到目前面临的问题，朋友也会让我们转移注意力，让我们感觉到，不管发生了什么，我们都会被接受、喜爱和尊重。塞涅卡说："友谊是抵御一切灾难的灵丹妙药。"

对于自认为是亲密朋友的人，我们倾诉痛苦感受时会更舒服。南卫理公会大学心理学家詹姆斯·潘尼贝克（James Pennebaker）和罗宾·奥赫伦（Robin O'Heeron）联系了自杀身亡或车祸受害者的配偶。比起那些能够公开表达悲伤的人，独自承受的人健康问题更多。潘尼贝克调查了七百多名女大学生，发现每12个人中就有一个报告了童年时的创伤性性经历。与经历过父母死亡、父母离婚等非性创伤的女性相比，遭受过性虐待的女性更容易出现头痛、胃病及其他健康问题，**尤其是那些严守秘密的人**。患病风险最高的人，是那些经历了创伤、不断反思却不谈论的人。当他们开始公开谈论自己的痛苦往事时，身体会放松，反思的时间也会减少。12步支持计划（如"酗酒者匿名互助协会"）鼓励参与者不要否认最痛苦的回忆，而是承认并面对它，从有同样经历的人那里获得解脱与支持。

社会支持除了能提供倾诉的机会，还有其他帮助。潘尼贝克请丧亲者分享萦绕在脑海中的痛苦事件，刚听到要求时，他们的身体非常紧张，直到倾诉了烦恼才开始放松下来。在日记里写下个人创伤也有帮助。另一项研究中，参与者在日记里写下自己的创伤事件，六个月后，他们的健康问题减少了。一位参与者解释道："尽管我没有将写下的内容告诉任何人，还是可以去处理它、解决它，而不是一味地阻隔它。现在，再想起这件事，我不会感到那么受伤了。"即使只是"与日记交谈"，也有助于人们的倾诉。

在另一项令人印象深刻的研究中，潘尼贝克及其同事邀请了33位大屠杀中的幸存者，请他们用两个小时回忆自己的经历。很多人回忆起了此前从未被披露的细节。后来，大多数人看了自己回忆时的录像，也给家人朋友听了录音。14个月后，自我展露越多的人，健康状况恢复得越好。倾诉和忏悔一样，对灵魂有益。

亲密关系和幸福

有创造性地处理压力，有助于提高我们摇摇欲坠的自尊，而倾诉痛苦情绪不但有益于身体，还有益于灵魂。多项研究发现，得到家人朋友支持的人往往会更幸福。

个人主义和抑郁症。宾夕法尼亚大学研究者马丁·塞利格曼认为，抑郁症是席卷美国青中年的新型瘟疫。原因是什么？泛滥成灾的绝望。绝望从何而来？塞利格曼认为，绝望来自个人主义。

正如罗纳德·里根（Ronald Reagan）在华尔街演讲中所说，这是一个"个人主义时代"。个人主义者享受独立，为自己的成就而骄傲。但这是有代价的。面对失败或拒绝时，自我驱动的个人主义者认为这是自己的责任。就像大男子主义的《财富》杂志的一则广告，你可以"全靠你自己"，依靠"自己的动力、自己的勇气、自己的能力、自己的抱负"，这样一来，如果你无法全靠自己做好，是谁的错呢？

伊利诺伊大学心理学家哈利·特里安迪斯（Harry Triandis）团队对比了个人主义社会和集体主义社会。在西欧、北美的个人主义社会中，人们聚焦于个人认同，认为人应该忠于自己和自己的认同感。一旦机会来了，就应该轻车简行，背井离乡，去征服新的世界——因此，欧洲的个人主义社会产生了许多殖民者。就像超人一样，人们不需要为了跟别人变得更亲密而勉强自己。反过来，亚洲及很多第三世界国家属于集体主义社会，更重视和谐，而不是独立；更重视群体认同，而不是个人认同；更重视与大家庭、同事齐心协力，而不是一切只靠自己。

从个人主义到集体主义构成了连续性的轴，如何判断自己处于哪个位置呢？想想看：如果你完全脱离了自己的社会联系，比如独自在海外成为难民，自我认同感会出现多大变化呢？

对于个人主义者，大部分认同都会留存下来——因为自己存在的核心是对"我"的感觉，对个人信念和价值观的觉察。西方心理学在很多方面反映了文化中的个人主义，比如说，我们研究青少年为了脱离父母、定义自我认同而做出的努力；研究人格，这是让每个人成为独一无二个体的特质；鼓励人们不要活在他人的期望之中，强调与自己相处，接纳自己，忠于自己。弗里兹·波尔斯（Fritz Perls）提出，完形疗法的原则就是："我做我的事情，你做你的事情。""你是你，我是我，碰巧我们找到了彼此，这很棒；如果没有，那也没办法。"人本主义心理学家卡尔·罗杰斯回应了波尔斯的个人主义："唯一的问题是确定什么是真正重要的，'我是否以自己感到深深满意的方式生活着？什么真正表达了我自己？'"

如今的流行心理学常用"共同依赖现象"这个词。"共同依赖现象"者通常是女性，据说是依赖于一个具有破坏性的伴侣，对方往往吸毒或酗酒。与物质滥用者共同生活的女性肯定会经历巨大的压力，需要帮助和支持。但是，批评者说，"共同依赖现象"往往能容忍一切行为，只要能让两个人相互依赖，甚至是失去个人意志。此外，共同依赖现象者会分享、支持伴侣的功能不良行为，或许也为此负有隐性责任。

如果人们从支持和爱一个糟糕的家庭成员中收获了意义，真的应该受到谴责、并被视为病态吗？当然，在不那么个人主义的社会，人们不会这样想。个人主义者可能会认为这样的社会整体都属于"共同依赖现象"。在集体主义社会，社会网络构成了一个人的方向。没有人是一座孤岛。社会依恋比较少，但更深入、更稳定。因此，雇主和雇员之间的忠诚度更高。中国香港大学生一天中交谈的人数只有美国学生的一半，但时间更长。如果失去了家人、群体和好朋友，"集体主义者"（目标和认同都是群体中心的）就失去了定义"我是谁"的重要联结。

个人主义与集体主义的文化差异在育儿方式上有所表现。在个人主义文化中，父母希望孩子变得独立，主要关注点不是培养孩子变得顺从、听话（集体主义者可能会将其称为敏感、愿意合作）。学校着重于教孩子阐明自己的价值观，以便自己做出正确的决定。在餐馆里，父母和孩子各自点自己想吃的食物。在家里，青少年自己拥有邮箱，拒绝父母指导他们选择什么样的男、女朋友，并寻求自己房间的隐私权。成年之后，他们会制定自己的目标，与父母分离，不住在一起。如果孩子失败了，父母即便尴尬，也会公开讨论孩子的问题。

香港大学跨文化心理学家哈利·许（C. Harry Hui）报告，在某些国家，一切都大不相同。父母更愿意培养孩子的互助性，而非独立性。母亲会和幼儿一起睡觉、一起洗澡、共同行动。让幼儿与母亲分离时，日本孩子会比美国孩子感到更大的压力。父母也会更主动地引导或决定孩子的菜单、朋友，以及学校优先权。因此，选择是父母与子女共同做出的，一旦孩子偏离正轨，父母会感到很羞耻，几乎不与他人讨论相关问题。

那么，你会选择哪种文化呢？在竞争性的个人主义文化中（如美国），人们更独立，更为个人成就而骄傲，较少与年老父母生活在一起，更少预判自己群体之外的人，更在意隐私，更能接受多样化的生活方式。然而，与集体主义文化相比，个人主义者更孤独、更疏离、更不容易收获浪漫的爱情、更容易离婚、更多杀戮、更容易患有与压力相关的疾病（如心脏病）。塞利格曼总结："个人主义泛滥埋下了两颗自我毁灭的种子。首先，像我们现在这样尊崇个人的社会将充满抑郁……其次，也可能是最重要的，是对比你更大的东西的无意义的依恋。"

陪伴和幸福。亚里士多德将人类定义为"社会性动物"，进化学者同样这样认为，因为合作有助于生存。单打独斗的话，我们的祖先绝非顶级捕食者。然而，合作捕猎就不一样了，大家都知道，双拳难敌四手，集体活动既有助于捕食，也能帮助人们从猎食者手中逃生。生活在群体中的人最有机会活下来、繁衍后代，因此，时间长了，倾向于这一方式的基因就占据了优势。简单来说，我们注定是社会性动物。

人类的幼儿和童年时期，依赖能加强人与人的联结。早期社会反应（爱、恐惧、侵略）中，最早、最强大的是强烈的爱的纽带，发展心理学家将其称为"依恋"。人类婴儿很快就会偏爱熟悉的脸和声音。当父母注意到婴儿的时候，孩子会发出叽叽咕咕的声音。8个月的孩子会跟在爸爸妈妈后面爬行，如果离开父母，就会号啕大哭。与父母重新见面时，孩子会紧紧抱着他们。婴儿需要与抚养者密切相处才能生存下来，社会依恋在其中起到重要作用。

除了常见的依恋，我们短时间内还可能体验到无意义。除了折磨，社会最大的惩罚是单独禁闭。刚丧亲的人们往往感觉人生空虚、毫无价值。在没有常见社会依恋的环境下生长的儿童，或完全被家人忽略的儿童，往往变得十分可怜——退缩、恐惧、沉默。精神病学家约翰·鲍比（John Bowlby）为世界卫生组织调查了流浪儿童的心理健康状态，他写道：

"对他人的亲密依恋是人们生活的中心，不仅针对婴幼儿、学龄儿童，对青少年、成年人直到老年也都是一样。从亲密依恋中，人们更能获得力量和幸福，也能通过自己的付出，将力量和幸福送给他人。这些都是现代科学和传统智慧共同认可的问题。"

17世纪的哲学家弗朗西斯·培根指出，与能分享隐秘想法的朋友建立依恋关系，可以达到两种效果："欢乐倍增，忧愁减半。"美国国家舆论研究中心对美国人进行了这样的调查："回顾过去的半年,你与谁讨论了重要的事情?"与那些说不出具体对象的人相比,提到五个或以上朋友名字的人,感到"非常幸福"的可能性高了60%。

其他研究结果也证实了社交网络的重要性。

- 最幸福的大学生是那些满意于感情生活的人。
- 享受亲密关系的人,更擅长应对各种压力,包括丧亲、强奸、失业和疾病。
- 相比于身处大型常规部队、身边成员不断变化的士兵,那些处在稳定、有凝聚力的12人小队中的士兵体验到更好的社会支持,生理和心理健康水平更高,职业满意度也更高。
- 如果一个人的朋友、家人通过频繁表达兴趣、提供帮助和鼓励来支持其目标,他就会更幸福。
- 韦斯利·帕金斯(Wesley Perkins)对霍巴特和威廉史密斯学院的800名校友进行调查,发现具有"雅皮士价值观"的人(比起拥有亲密的朋友和婚姻,更重视高收入、职业成就和声望),报告"比较"或"非常"不幸福的比例是其他同学的两倍。
- "什么是幸福的必需品?""什么让你的生活有意义?"大部分人最先提到的都是与家人、朋友或伴侣的亲密关系。正如C. S.刘易斯所说:"日光之下,没有什么比一家人欢声笑语地吃饭更好的了。"幸福就在家附近。

作家露易丝·怀斯(Lois Wyse)在酒店乘电梯之后意识到了

这一点。当时,媒体都在等待大明星伊丽莎白·泰勒(Elizabeth Taylor)的到来。电梯到达酒店大堂,门打开的时候,怀斯低下头,迎接她的是一阵闪光灯。"她来了!"有人喊道。怀斯抬起头时,另一个记者说:"哦,只是个路人。"

哦……她想着:"我们是谁,做了什么,怎么做的,这些事只对一小部分人重要,而且很重要。"对于那些爱着我们的人来说(如果有幸拥有的话),我们是重要角色。

所以,孤独并不是好事。但我们正变得越来越孤独。1940年,8%的美国家庭只有一个人;到了1988年,这一比例增加了3倍,达到24%。如今,人们结婚推迟,离婚率上升,生活更加独立,这些情况都导致社会越来越孤独。自1970年以来,单亲家庭的比例翻倍了,从13%上升到1990年的28%。在这种情况下,要获得塞缪尔·约翰逊所说的"人类努力的终点"——家庭幸福,难度就加大了,但也并非绝无可能。

自我表露。最令人满意的关系是亲密的。这样的关系能了解、接纳真实的自己。所谓朋友,就是与之相处能让你愉快地做自己的人。信任代替了焦虑,我们会更自由地放开自我,不担心失去对方的感情。这种关系以心理学家所谓的高水平自我表露为典型特征。

幸福与自我表露是双向关系。幸福有助于亲密。积极情绪会让我们更开放,消极情绪则会让我们更封闭。反之同理,亲密有助于幸福。人本主义心理学家西尼·朱拉德(Sidney Jourard)认为,摘下面具、展露自己,能够滋养爱。事实上,当我们对他人表露自己时,如果能收到同样的信任,发现对方也愿意展露自己,就会感到非常满足。此外,我们可以与亲密的朋友讨论对自我形象的威胁,帮助我们应对此类压力。这种真正亲密的友谊非常特别,因为它能帮我们处理其他关系。

由于缺乏自我表露的机会——分享我们的好恶，分享骄傲与羞耻的时刻，分享忧愁与梦想、欢乐和悲伤——我们会感到痛苦的孤独。孤独不是独处，而是**感到**孤独，哪怕身处喧闹聚会之中。诗人痛苦地说："我睡不着，像一只孤独的鸟站在屋顶上。"那么，我们如何才能从亨利·努温所说的"孤独的沙漠"走向温情脉脉的花园？如何才能享受更亲密的关系？

许多实验揭示了自我表露互惠效应（disclosure reciprocity effect）。愿表露能够促进表露能力。你第一次向我敞开心扉，我就会对你表露得更多。而亲密几乎不会瞬间消失。通常而言，这是一种你来我往的关系：我表露一点，你表露一点；然后你又增加一点，我则回报更多。

有些人特别善于让他人敞开心扉。他们很容易引导产生亲密关系，哪怕是面对那些不爱倾诉的人。这是因为他们很擅长聆听，在谈话中，他们表情很专注，看起来很舒服，也很享受。在别人说话时，他们会表现出足够的兴趣，也会回应一些支持性的话语。已故心理学家卡尔·罗杰斯将这种人称为"促进成长的聆听者"——他们在自我表露时很**真诚**，对别人的感受很**接纳**，具有同情心，敏感而善于反思。罗杰斯认为，这种聆听能滋养自我理解和自我接纳：

"聆听自有答案。当我真正倾听一个人时，倾听此时此刻对他重要的意义，就不只是在于接纳了他的话语，而是接纳了他这个人，我会让他知道，我听到了他私人化的、独有的、个人的意义，很多事情就此发生。首先，对方会露出感激的表情，感到很放松，想要告诉我更多事情。全新的自由感喷涌而出，他会更愿意接受改变。

"我时常发现,倾听一个人的意义越深入,这些状况就越容易发生。一旦对方意识到自己得到了深入的倾听,绝大部分人的双眼都会变得湿润。我想,他真的是为欢乐而啜泣。他好像在说:'感谢上帝,终于有人听到了我的声音,有人明白我是什么感觉。'"

罗杰斯用一段对话作为例子,谈话对象是一个寡言、烦恼的28岁男子。

来访者:我就是对谁都不好,以前不会,以后也不行。

罗杰斯:现在是这样的感觉,对吗?感觉你对自己不好,对别人也不好,未来也无法对谁好。感觉自己全无价值,是这样吗?这种感觉真的很糟糕,好像自己一点都不好,是吗?

来访者:是的。(沮丧地低声抱怨)前几天和我一起进城的那个人就是这么告诉我的。

罗杰斯:和你一起进城的人真的跟你说"你一点都不好"了吗?你刚刚说的是这个意思吗?我理解得对不对?

来访者:嗯。

罗杰斯:我猜,如果我理解得没错,有的人——对你很重要,他的想法也对你很重要?为什么他会告诉你,他认为你一点也不好呢?他的观点好像摧毁了你的人生支柱。(来访者默默流泪。)所以你哭了。(沉默20秒。)

来访者:(相当挑衅地)但我根本不在乎。

罗杰斯:你告诉你自己,你不在乎,但我猜,有一部分你是在乎的,因为有一部分你正在为此哭泣。

能提供共情的倾听者能发挥什么作用吗?成百上千项研究,将这些被试分为两类进行对比——一类接受心理治疗;另一类不接受心理治疗——发现没有治疗的人往往也可以改善(被称为"自发性

151

缓解"现象），然而，接受心理治疗的人改善的概率更高，**无论接受的是哪种治疗**。心理健康专家杰罗姆·弗兰克（Jerome Frank）、马文·戈德弗里德（Marvin Goldfried）和汉斯·斯特鲁普都发现，不同的心理治疗技术同样有效，因为它们具有许多共同特征。比如，它们都能给意志消沉的人提供希望，都能帮助人们用新的视角去看待自己、看待世界，都能提供共情、信任、支持性的关系。

心理治疗师并非唯一能提供支持的人。澳大利亚研究者约翰·海蒂（John Hattie）及其同事汇总了39项研究结果，对比了由专业治疗师和非专业人士（友好的教授、花了几个小时学习共情聆听的人、有督导的同伴咨询师）进行的治疗结果。结果是什么？外行兼职咨询师的效果跟专业治疗师差不多。同样，许多由节食者、戒酒者、戒毒者组织的自助团体，也和治疗师有着同样的治疗效果。

比起拥有亲密关系的人，那些缺乏亲密朋友的支持、身处喧闹却感到孤独的人，更可能雇用一位善于共情、关心他人的专业人士，作为替代性的灵魂伴侣。在个人主义社会中，人们对疏离感的反应是将社会支持职业化。但是，我们应该将帮助留给专业人士吗？半专业人士所表现出的有效性，足以鼓励我们每个人对关爱他人充满信心，因为我们知道，共情的倾听、支持的姿态，就和专业咨询一样管用。

我们还应该受到鼓励，努力调整学校、工作场所、教会乃至私人生活，去促进"我们的感受"，学会分担压力。我在同一个岗位上工作了25年，放弃了其他工作机会，包括回到家乡西雅图的可能性。不过，作为补偿，妻子和我有很多朋友，在家庭生活的各个时期，我们都会与朋友分享奋斗的过程。我们的孩子与邻居小孩一起长大，经常坐在带纱窗的门廊上，互相问候谈天。在工作中，我们部门的九个办公室多年来相处甚密，每周一起开会、喝茶，经常分享彼此的生活。三个月前，我们共同庆祝查克获得终身教职；两个月前，我们举杯祝贺约翰的新书出版；上个月，我们用气球、眼泪和拥抱，庆祝简顺利完成癌症治疗，重返团队；今天早上，我们和院长聚在一起，夸奖新来的同事帕特里夏。

这些经历，以及有关健康、幸福和亲密关系的研究，告诉了我们一个深刻的真相：从子女到父母，从玩乐场到办公室，我们都是社会性动物。三两好友相聚，快乐往往就来了。另外，正如下一章所述，两个灵魂融为一体，快乐就会进一步深化。

第九章

爱情与婚姻

*

没有婚姻伴侣的人要活得幸福、满足,并非不可能……然而,人们普遍认为独居不好,如今,大多数人发现这是对的。

——安格斯·坎贝尔(Angus Campbell),《美国的幸福感》

爱情与婚姻会促成幸福吗？很多人相信是的。如果问一句"什么能给你带来幸福"，最常见的答案是"爱"。一位受过良好教育、很受欢迎、成功的 26 岁女性说道："想要被爱，想被一个人完全、彻底地爱着。好朋友、家人以及从一份有价值的工作中获得的满足感，都无法填补没有爱的空白。"许多男性也是如此，一位 30 岁上下的成功男性说："我想和别人交换生命，只要对方是被一个好女人所爱着的。"五分之四的成年人——无论处于哪个年龄段——都认为爱情对于幸福很重要。他们的想法是对的。

婚姻与幸福

无论年轻还是苍老，无论男性还是女性，无论富有还是贫穷，身处稳定的、充满爱的关系中的人，幸福感会更强。很多研究者调查了数以万计的欧洲人和美国人，发现了同样的结果：与单身或鳏寡者相比，已婚人士的幸福感更强，生活满意度也更高。例如，在美国，将近40%的已婚者认为自己"非常幸福"，而在不处于婚姻状态的人里面，这一比例还不到25%。尽管电视画面中的单身生活很快乐，对婚姻往往评价为"束缚""枷锁""锁链""羁绊"，难以推翻的事实却是：大多数人更喜欢依恋，而不是独身。

有关婚姻带来的情感好处，是否正如如今许多人所认为的那样，男性获益大于女性？首先，要承认，在大多数婚姻中，女性对家务劳动和养育孩子的贡献大于男性。为了找到答案，温蒂·伍德及其同事统计总结了当时所有公开出版的有关婚姻、性别和幸福的文献，发现：在压力重重的婚姻中，女性对负面情绪的敏感程度使她们出现心理障碍的可能性高于她们的丈夫。事实上，婚姻在减少女性自杀、酗酒和其他方面表现出来的优势不如男性。尽管如此，伍德等人也发现，在所有的婚姻中，妻子报告的幸福感略高于丈夫。伍德认为，这可能是因为，如果亲密关系是积极的，女性从中获得的快乐会多于男性。

然而，比结婚更重要的是婚姻品质。那些说对婚姻很满意、认为自己与伴侣仍然相爱的人，几乎不会报告不幸福、对生活不满意或感到抑郁。此外，大多数已婚者都表示婚姻幸福。在美国，将近三分之二的人说自己的婚姻"非常幸福"；四分之三的人说伴侣是自己最好的朋友；五分之四的人说如果再来一次，还会跟同一个人结婚。结果如何？大部分这样的人，都认为生活整体很幸福。

然而，为什么已婚人士往往更幸福呢？幸福有助于婚姻吗？幸福的人作为伴侣更吸引人吗？爱抱怨的、抑郁的人更容易单身或离婚吗？当然，与幸福的人相处起来更有趣。正如我们所见，他们更外向、更愿意信任别人、富有同情心,而且更关注他人。不幸福的人往往会被社会排斥。在一项研究中,研究者斯蒂芬·斯特劳克(Stephen Strack)和詹姆斯·科因(James Coyne)观察到"抑郁的人会在他人身上引发敌意、抑郁和焦虑,从而遭到他人拒绝。他们对于自己不被接纳原因的猜测并不是认知扭曲的问题"。因此,积极、幸福的人更容易建立幸福的关系。

婚姻本身也能促进幸福,至少有两个原因。其一,已婚者更可能享受持久、支持、亲密的关系,而不太可能感到孤独。加州大学洛杉矶分校的罗伯特·库姆斯(Robert Coombs)的一项研究显示,男性医学生如果结婚了,压力和焦虑感都会降低。好的婚姻能让两个人互相成为可靠的伴侣、爱人和朋友。

这就是我自己的经历。我的妻子就是我最好的朋友。如果今天发生了什么有趣的事情,我们会打电话告诉彼此。晚餐过后,我们会看彼此白天收到的邮件。我们互相测试彼此的想法,知道这段婚姻足够安全,可以接受对方的批评。到了晚上,我们会在黑暗中相互依偎,分享随性的想法,有时同病相怜,有时回忆往昔,有时乐不可支,有时水乳交融。我知道,没有结婚的人也可以享受亲密关系的陪伴和亲昵。(没有哪个单一的因素,比如婚姻,是幸福的充分必要条件。)但对我来说,无论是单身还是同居,都无法击败我和我最好的朋友一生相处的亲密感和安全感。

关于婚姻能够促进幸福(或者至少能避免痛苦),还有第二个更缺乏诗意的理由——婚姻提供了配偶和父母的角色,从而提供了附加的自尊来源。诚然,多重角色会增加压力,可能导致我们负荷超载。然而,每个角色也能提供奖励、地位、充实的途径,也可以使人通过面对生活的其他部分,逃离一部分压力。当我们的个人认同分布在不同领域时,就更容易抵抗某一部分的丧失。如果工作搞砸了,我可以告诉自己,不要紧,我还是一个好丈夫、好父亲。说到底,这三个部分对我来说都非常重要。

婚姻濒临触礁吗?

事实上,大部分婚姻都堪称幸福,而幸福的婚姻有助于提升幸福感。在美国,超过 40 岁的人中,95% 都结婚了。但还是有些人会担心,婚姻制度陷入了麻烦,这是真的吗?

婚礼上,新娘和新郎宣读誓言,和大多数人一样,他们坚信爱情永远不变。在想象中,十年后,他们仍然相爱,只是多了几个聪明、快乐的孩子。他们想象着在一个下雪的冬夜,把快乐的孩子们安顿上床,然后坐在柔软的椅子上,壁炉噼啪作响,火光映照。猫咪咕噜咕噜,舒舒服服地趴在膝盖上撒娇。爱侣走了进来,为依然迷人、依然深情的自己倒了一杯热饮,附赠一个热吻。

但这当然不是理所当然的剧情发展。可悲的事实是,将近一半的美国婚姻[①]、40% 的加拿大婚姻最终走向了离婚。而剩下的一部分婚姻则是不幸福的束缚,或者郁积的妥协。美国国家民意研究中心做

---

① 在美国,尽管一半婚姻以离婚告终,但离婚人数应该略少于总人数的一半。这是因为离婚率中有一部分来自多次离婚者的贡献,比如伊丽莎白·泰勒。——作者注

了许多调查，发现近六成的美国人认为**婚姻**"非常幸福"，也认为**人生整体**"非常幸福"。然而，在那些婚姻不是"非常幸福"的人群中，人生整体"非常幸福"的比例骤降到十分之一，甚至比"比较不幸福"的分居和离婚人群更低。因此，就个人幸福而言，糟糕的婚姻还不如没有婚姻。化用亨利·沃德·比彻（Henry Ward Beecher）的话来说："好的婚姻给人插上翅膀，坏的婚姻给人戴上镣铐。"

得克萨斯大学社会学家诺佛尔·格伦分析了从1972年到1988年成千上万的美国人，总结了他们的民意数据。他追踪了从20世纪70年代初开始的婚姻，到了80年代末，当初满眼憧憬的新人只有三分之一还在婚姻中，**并且**仍然认为婚姻"非常幸福"。考虑到还有一部分人可能存在夸口的情况——告诉访谈者婚姻成功，比承认自己婚姻失败容易得多。格伦总结道："这些婚姻仍然成功的真实比例……可能还不到四分之一。"通过1988年的国家调查，盖洛普公司提供了同样消极的结论：在35岁到54岁的人中，有三分之二的人已经离婚、分居或即将分手。如果这一模式继续下去，"我们国家很快就会发展到这样的程度，婚姻不稳定成为成年人的主导经验"。

正在约会的情侣请当心：陷入爱情的人容易觉得关系中的任何问题都不重要，过度乐观地认为爱情能够永恒。新婚夫妇也请当心：不要认为婚姻成功是理所当然的。通常而言，不管你怎么想，**不能**从此以后都过着幸福的生活才是大概率事件。如果没有好好养护，原本期待能带给你爱与幸福的关系，可能会让你消沉、孤独、感到失败、绝望而吃力地行走，乃至彻底听天由命。然而，也应该当心宿命论的说法，"如今看来，幸福的婚姻很难维系，那么，为什么要费力去维系长久的承诺呢？"鉴于这种态度，格伦说："已婚者仍然会在择偶市场上保持试探的态度，容易遇到更多对自己有兴趣的对象（可能是真实的，也可能是想象的），从而受到诱惑，离开当前的婚姻。"和生活中其他领域一样，在婚姻中，天真的乐观主义和冷漠的悲观主义都很危险。谨慎的乐观主义（态度积极，同时对真正的危险心怀警惕）才能抓住通往成功和幸福的最佳机遇。

一位 34 岁的教师说明了离开婚姻的情况："我会享受没有丈夫的生活。这一周，我丈夫离开了，快乐的生活开始了。没有人整天指手画脚，教育我要做什么，应该怎么做。我不会做完自己的工作之后就游手好闲，因为我在做完白天的工作后还有大量活儿要干。这一周，我感觉压力都没有了，自己变得更完整了。我还会再结婚吗？不会，因为我知道结婚之后是什么样的。"古希腊戏剧家欧里庇得斯（Euripides）预言了这样的经验："玛丽，如果运气好的话，事情可能会进展顺利。但一旦婚姻失败，婚姻中的人就像住在地狱里。"

从 1960 年起，越来越多的人决定**不再**住在地狱里。到了 1980 年，美国的离婚率比翻倍还多，到达了顶峰。从 1960 年到 1985 年，欧洲社会的离婚率翻了两番。诺佛尔·格伦认为，婚姻变成了一种"即时享乐"。婚姻的存在是为了满足我们的需求和欲望，只存在于"我们相爱的时候"。因此，婚姻成功是由我们对婚姻的幸福感和满意感所决定的，而不是由婚姻满足他人需求的程度所决定，这里的"他人"包括孩子、大家庭或社会。如果婚姻不能满足我们自己的需求，最好不要住在地狱里。

这一改变非常明显。在前工业社会，家庭成员之间是相互依赖的。孩子（往往超过 4 个）要生存就要依赖父母，父母之间也会相互依赖，父母老了之后，亲子之间的依赖关系会发生逆转。为了保持家庭完整，离婚被视为地狱。（如今，农村家庭的离婚率也显著低于城市。）现代家庭规模变小，夫妻双方往往拥有独立收入，或者至少拥有经济安全网。虽然没有人有意推动，但压制离婚的社会力量，以及因此而产生的反对离婚的规范，都弱化了。

那么，如果我们能够更自由地结束痛苦的婚姻，留存下来的婚姻会更幸福吗？是不是婚姻带来的幸福并没有降低，只是一旦不幸福，就更容易结束？如果你和其他人都这样认为，想一想这一令人不安的事实吧：与很少有人离婚的过去相比，事实上，如今留存的婚姻中，人们说自己"非常幸福"的比例**降低**了。例如，与20世纪70年代中期所调查的年轻已婚者相比，80年代中后期调查的年轻已婚者说自己"非常幸福"的比例下降了将近10%。对很多人来说，婚姻变成了一种不受管理的松散同盟。

对于婚姻的拥护者来说，还有不少坏消息：

- 尽管已婚者感到幸福的概率仍然高于未婚者，近年来，这一差异已经缩小了，因为很多已婚的女性没有过去幸福了，而未婚的男性和女性都比从前幸福。如今，人们更适应独处，因此，婚姻对幸福的贡献变小了。
- 在美国家庭中，27%都属于"传统家庭"，包括父亲、母亲和18岁以下的孩子。其余73%则包括单身、鳏寡或丁克家庭，此外，单亲家庭、离异或同居家庭的数量也在不断攀升。例如，在当代美国，未婚同居情侣的数量是20世纪70年代的3倍，80年代的将近2倍。在澳大利亚、斯堪的纳维亚以及西欧的其他地方，从60年代开始也呈现了同样的趋势。在这些国家，同居率的上升与结婚率的下降正好匹配。在美国18岁到45岁的人中，57%的人处于婚姻状态，而25年前，这一比例高达73%。

- 对于分开生活的伴侣（因为两人的工作、服兵役或监禁），离别并不能使感情更亲密。这类夫妇的离婚率是正常夫妇离婚率的 2 倍。对于那些考虑异地婚姻的人来说，这一数据有着发人深省的意义。
- 尽管避孕和合法堕胎变得更便利了，单亲妈妈的生育数量仍然急剧上升。近期，美国科学研究委员会报告，据估计，"美国每年超过 100 万少女怀孕，40 万以上青少年会选择堕胎，而将近 47 万人选择将孩子生下来"（其中，将近三分之二是未婚的）。此外，惊人的是，未婚女性生育数量甚至超过了 20 多岁女性的生育数量。这导致 1989 年，美国的单亲妈妈生育婴儿的数量占到全部新生儿数量的 27%，是 1960 年的 5 倍。

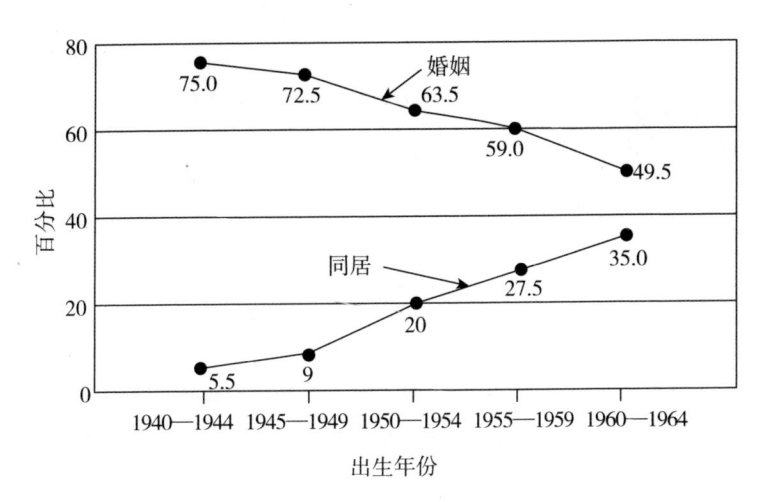

图：25 岁的美国人同居率和结婚率

数据来源：斯威特（Sweet B J A）. 全国同居情况估测 [J]. 人口学 . 1989，26(4):615-625.

有可能找到这些趋势的积极面吗？很多同居伴侣关系很亲密，能够相互支持。其中一部分处于试婚阶段。"试婚"能淘汰掉不成功或有风险的婚前结合吗？如果一对伴侣性经验丰富而且完全熟悉对方的生活习惯，就不那么容易陷入糟糕的婚姻吗？1989年，美国教育委员会对近30万名大一学生进行了调查，其中51%的人认为"婚前应该同居"。

然而，对于这51%的人来说，又一个传说破灭了。最近的七项研究一致认为，与婚前未同居的夫妻相比，同居过的夫妻离婚率反而更高。三项覆盖美国全国的调查也说明了这一点。一项针对13000名美国成年人的调查发现，婚前同居的伴侣在十年内分居或离婚的可能性比其他人高三分之一。1990年，盖洛普对已婚美国人的调查也发现，40%的婚前曾同居过的人表示自己"可能会离婚"，而在婚前未同居的人中，这一比例只有21%。加拿大一项针对5300名女性的调查发现，曾同居过的人在15年内离婚的可能性比未同居者高54%。瑞典一项针对4300名女性的研究表明，同居者离婚的风险比未同居者高80%。

我们只能猜测其中缘由。可能愿意婚前同居的人，更容易出现婚外性行为而导致婚姻破裂。（这一可能也可以用来解释另一个具有煽动性的发现：有过婚前性行为的伴侣更容易感到婚姻不幸福。）可能是因为愿意婚前同居的人，对婚姻制度的承诺程度较低。或者，也可能是因为冲动控制和耐心这两个特质有助于维系关系，这也解释了为什么婚前未同居的伴侣所报告的婚姻质量更高。无论如何，成功的试婚并**不能**预示着会有成功的婚姻。

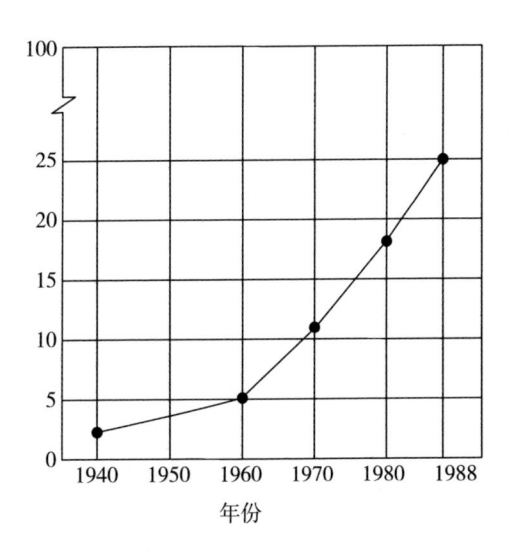

图：未婚生育的比例

在美国，未婚妈妈的生育率已经是 1960 年的 5 倍。
数据来源：美国国家卫生统计中心. 美国人口动态统计第 1 卷 [M].
华盛顿：政府印刷局，1990：57.

对于青少年怀孕激增这一现象，没有人能找到其积极面。过早怀孕往往会使母亲和孩子的生活变得贫困。美国国家研究委员会指出："无论一个人持有什么样的政治哲学或道德观念，这一基本事实都很令人不安。"疾病控制中心的工作人员表达了类似的担忧，因为从 1970 年到 1988 年，15～19 岁的少女报告的婚前性行为几乎翻倍了（从 29% 到 52%）。青少年滥交不仅会增加意外怀孕及与之相关的贫困、性传播疾病的风险，也是男性性暴力和最终离婚的预测因素。即使有安全套，青少年性行为在心理上也不是安全的。

美国生育管理部门将不断增加的婚前性行为和青少年怀孕率部

分归因于大众媒体，认为媒体给不受保护的滥交行为做了示范。例如，在1987年的电视剧中，未婚伴侣的数量是已婚伴侣的24倍，而他们对节育或性传播疾病没有表示出任何担忧。美国生育管理部门认为，他们（几乎都没有结婚）每年在电视上"做"两万次，却根本没有人意外怀孕，这传递了大量**虚假**的性信息。在电视上，健康的、充满荷尔蒙的年轻情侣几乎不会对第一次接吻和随之而来的欢愉盛宴略加犹豫。PBS影评人迈克尔·梅德维德（Michael Medved）说，这种媒体内容无处不在，围绕在青少年身边，"强烈的性相关内容不会鼓励滥交"这种话就变得"完全不合逻辑"。美国卫生和公共服务部部长鲁伊斯·沙利文（Louis Sullivan）赞成梅德维德的说法："如果我们无法扭转这种从根本上侵蚀美国家庭的文化趋势，我们的孩子就无法茁壮成长。"[1]

在这些令人担忧的社会趋势中，也出现了一些喜悦的光芒。与那些一贫如洗的少女生下的孩子相比，离异家庭的孩子往往要好得

---

[1] 媒体的反驳也围绕着观看性暴力内容的影响展开，这一影响已经被反复发现，观看性暴力可以脱敏和去抑制，还会培养贬低女性的态度和行为。非暴力的色情片不一定会影响男性对于针对女性暴力的接受度和表现。然而，实验表明，它可能导致观众轻视强奸，改变正常的性认知，贬低自己的伴侣（因为觉得伴侣不如色情片演员那样令人兴奋）。过去25年间，已知强奸率增加两倍，四分之一的美国女性报告自己曾经历过符合法律定义的强奸或强奸未遂，再加上上述发现，都引起了女权主义者和宗教激进主义者的关注。由于文化态度发生了变化，作为回应，好莱坞改变了对非裔美国人的形象塑造，也不再将吸毒描述得充满魅力。那么，如果我们希望在不侵犯艺术自由的情况下，同样可以让电影用性胁迫和身心都不安全的性行为制造娱乐的日子成为过去，这是不是太过分了？——作者注

多——当然，也比那些生活在地狱般家庭的孩子好得多，他们的母亲虽然没离异，婚姻却很悲惨，有时还和虐待狂男子生活在一起。然而，就连这一点喜悦的光芒也笼罩着乌云：美国民意研究中心从8项年度调查中收集的数据显示，与那些在亲密家庭中长大的孩子相比，离异家庭的孩子在成长过程中往往会越来越不幸福。离异家庭的孩子长大后，离异的可能性会更大，生活幸福的可能性则会更小。

有些孩子对父母离婚适应良好，这比在充满矛盾的家庭中承受压力要好。然而，弗吉尼亚大学的研究者梅维斯·赫瑟林顿（Mavis Hetherington）及其同事提出，离婚之后，往往会出现新的继父、继母，使"儿童出现社会、心理、行为、学业问题的风险增加"。英国研究者曾调查过12000名英国7岁孩子的情况，四年后，在这些孩子11岁时，又重启了调查，结果发现：与成长在亲密家庭的男孩相比，在研究期间父母离异的男孩出现行为问题的可能性要高四分之一。

研究表明，75%以上的离异者会再婚，其中一半人会在3年内再婚。对再婚的研究带来了另一束喜悦的光。通过对16项研究进行数据分析，密苏里大学的研究者伊丽莎白·维默（Elizabeth Vemer）及其同事发现，"是的，在第一次婚姻中，人们报告的满意度更高一点，但差异其实微乎其微，完全不显著"。尽管第二次婚姻的离婚率上升了25%，再婚的人对婚姻的满意度几乎与初婚者一样。

另一个充满希望的迹象是在已婚人士当中，忠诚是普遍现象。流行心理学文章常常讨论婚姻不忠，可能让我们以为婚姻充满背叛。1990年，乔伊斯·布拉泽斯（Joyce Brothers）在《游行》杂志上发表文章，说在已婚人士中，三分之二的男性和一半女性都曾出轨。受到这些文章的影响，再加上人们自己的性幻想，只有四分之一的人相信大部分已婚者会对伴侣保持忠诚。然而，另一个神话泡沫也在具有代表性的数据面前破灭了。1988年的盖洛普调查中，90%的已婚美国人报告在目前的婚姻中，他们从未与配偶之外的人发生性关系。在英国，1987年的一项研究得出了类似的结果。美国民意研究中心报告，无论在哪一年，"只有1.5%的已婚者有配偶之外的性伴侣"。美国成年人对婚外性行为的反感程度非常高，达到了91%。与电影不同，真实生活中，忠诚的吸引力远远超过"致命诱惑"。1990年6月，《大都会》杂志刊登了这些信息，名为《忠诚可以很有趣》。

那么，婚姻支持者可以放心了，婚姻的忠诚度和满意度总体上仍然很高。不过，我们对婚姻状况的整体看法并不乐观。诺佛尔·格伦很关注婚姻的其他方面，比如高离婚率、略有下降的婚姻幸福感、同居率和单身生育率的快速上升等，他说："我们国家的婚姻制度在方方面面都出了问题。"在1990年的调查中，美国心理学会的会员们一致认为，家庭崩溃已经达到了危机的程度。他们将"核心家庭的衰落"列为当今"美国心理健康的头号威胁"。美国的社会衰退虽然严重，但延续时间很长，吸引的注意力还比不上相对更温和的经济衰退。如今，警报已经响起，我们应该要做出改变了。

人生起落和爱情

人们渴望爱情，为它而生，为它而死。但爱情到底是什么？为了回答这一问题，心理学家将爱情与其他亲密关系相对比——对比同性别的好朋友、亲子关系和伴侣关系。在这些有爱的关系中，有些因素是共同的，包括：相互理解、相互支持、享受彼此陪伴。有些因素是独特的，如果有人体验过充满激情的爱，他们会用身体来表达，渴望独占对方，对伴侣极度着迷。你可以在他们的眼中看到爱情。社会心理学家齐克·鲁宾（Zick Rubin）确认了这一发现。他请密歇根大学中数百对情侣填写了浪漫爱情问卷。然后，他将这些情侣请进了实验室，自己则在单面镜背后观察他们，记录"强烈爱情"和"虚弱爱情"伴侣之间的眼神交流。结果**毫不意外**：处于"强烈爱情"关系的伴侣，互相凝视对方眼睛的时间更长。

热恋状态的人，幸福感会飙升，整个世界似乎都在微笑。精神分析学家安东尼·斯托尔（Anthony Storr）说："全世界都爱有情人，有情人也爱整个世界。"一位女性回忆了坠入爱河时的喜悦："在办公室里，我忍不住大声宣布自己有多么欣喜若狂。工作变得轻而易举，从前的烦恼都变得很容易解决，我有强烈的冲动想去帮助别人，我想分享我的喜悦。玛丽的打字机坏了，我几乎是跳起来去帮她了。那可是玛丽啊！我曾经的'仇人'！"

然而，这种激情会无可避免地消退。几个月或一两年后，对伴侣的强烈关注、浪漫的刺激性、令人头晕目眩的"云端漫步"，都会慢慢消失。"新婚"变成了"只是结了个婚"，不知怎么，那种奇妙的魔法不见了。1971年，一位男子给他的新娘写了一首情诗，将

它塞进瓶子里,扔进了太平洋。十年后,有人在关岛的海滩慢跑时发现了这封信:

  当你收到这封信时,我可能已白发苍苍,但我知道,我们的爱情会像此刻一样新鲜。
  收到这封信可能只需一周,也可能需要很多年……如果你永远收不到这封信,它也会写在我的心里,我愿用最极端的方式证明我的爱。

你的丈夫,鲍勃

  捡到信的人通过电话联系上了收信人女士,将信件内容读给她听。她大笑了起来,越往后笑得越大声。最后,她说:"我们已经离婚了。"然后"砰"的一声挂了电话。

  如果你知道那首摇滚歌曲《沉溺于爱》(*Addicted to Love*),就不会意外于浪漫爱情的潮起潮落,其规律与对咖啡、酒精和其他药物上瘾相差无几。首先,药物会给予人强烈的刺激,可能是高峰体验。多次重复之后,对立的情绪增强,耐受度提高。曾经能让人高度兴奋的量,已经不足以产生刺激了。然而,停止服药不会让人回到当初,甚至可能引发戒断症状——难以描述的广泛性不适、抑郁等。爱情往往也是如此。不再浪漫的关系会被双方视为理所当然,除非它终止了。然后,被抛弃的人、鳏寡者、离异者会感到惊讶,虽然自己已经很久没有感到充满激情的爱了,但一旦失去伴侣,生活还是会变得极为空虚。他们会聚焦于失去的事物,注意不到拥有的事物,包括所有曾经共同进行过的活动。

  如果激情冷却成为"友伴之爱"的余晖,婚姻可能会变得更为稳定，更为温暖，有可能维持一种深情的依恋。然而，在1988年的盖洛普婚姻调查中，社会学家安德鲁·格里利报告称，那些认为最初的浪漫激情至关重要的人，最终可能走向幻灭并离婚——特别是在先同居后结婚的婚姻中，性激情的减退更可能导致这一结果。明尼苏达大学的社会心理学家埃伦·贝尔谢德（Ellen Berscheid）及其同事发现，如果无法理解激情之爱的有限半衰期，那么，关系注定会："如果我们能够更好地理解，在一段关系中，永远充满激情的概率有多小，那么，可能更多人会选择满足于更平静的感受，比如说满意和知足。"根据他们的研究结果，明尼苏达大学的研究者怀疑，"过去20年中离婚率的急剧上升，至少在一定程度是因为，积极的情感体验（如浪漫爱情）在人们生命中的重要性与日俱增。而这种情感体验很难长期维持"。相对而言，亚洲人不太聚焦个人感受（如激情），更在意社会依恋的实用性，这样激情似乎就没那么容易幻灭。

与大多数其他人类现象一样，人们对激情无可避免地退却也会适应。激情之爱往往会产生孩子，由于父母对彼此的痴迷减弱了，就会更关爱孩子。反过来，父母将这份痴迷放在孩子身上，也会加速爱情的衰退。孩子出生之后、上学之前，婚姻满意度会降低。孩子在家，父母会更担忧、更有压力，从而没有那么多时间共度伴侣时光。分娩课程能让准父母为分娩这一天做好准备，也能让他们为更持久的婚姻生活做好准备。加州大学伯克利分校心理学家菲利普·考恩和苏珊·考恩发现，参加育儿训练课，能让夫妻双方意识到孩子将会如何影响他们的关系。

对于那些喜爱美好结局的人来说，爱情的起起落落都会以美好结局告终——正如前文所述，幸福的空巢往往会带来轻松、平静和自由，人们能够想去哪儿就去哪儿，想吃什么就吃什么，想做什么就做什么。所以，忍耐一下吧。正如马克·吐温所说："结婚未满25年的人，永远不会知道完美的爱情是什么样的。"共度了半个世纪之后，婚姻满意度往往会回到新婚两年左右的水平。的确，新婚燕尔的狂喜早已消退，但取而代之的是一种持久的依恋。这种依恋根植于夫妻双方持续一生的相互理解、支持和关爱中。

谁会获得幸福的婚姻？

随着时间的推移，一些伴侣陷入了伤害和痛苦之中，双方都在内心反复排演着不满。然而，也有人享受着持续的温暖和爱所带来的幸福感。这让我们想知道：是什么能让婚姻幸福？

首先，社会学家和人口学家发现了一些预测因素。如果你符合以下大多数情况，婚姻大概率能保持下去：

20岁之后结婚。

结婚之前，你们恋爱了很长时间。

你受过良好的教育。

工作状态良好，收入稳定。

住在小镇或农场中。

结婚之前，你们没有同居，也没有怀孕。

你和伴侣都有宗教信仰。

这些预测因素本身都不是稳定婚姻的必备要素。然而，如果一段婚姻完全不具备以上任何一条，离婚的概率会很大。如果每一条都符合，那么这段婚姻很可能至死不渝。

其次，心理学家探索了有关人们喜欢与爱的能力的影响因素。以下是四个重要的因素：

第一个要素是物以类聚。老话说物以类聚，又说异性相吸，二者孰是孰非？或者说，在某种意义上，它们都是对的？

这一点是毋庸置疑的：物以类聚。与随机配对的人相比，朋友、订婚的情侣和夫妻在态度、信仰和价值观上相似的可能性要大得多。然而，是相似性**导致**我们喜欢彼此吗？

想象一下，你在一个聚会上，听着简与拉里、约翰一起讨论政治、宗教和个人好恶。她与拉里的意见基本一致，与约翰则南辕北辙。之后，她可能会这样回忆："拉里真的很聪明，也很讨人喜欢。我希望还能再见到他。"纽约州立大学心理学家唐恩·柏恩模拟了简的经历。对于一些特定的主题，他将某些人的态度转告给另一些人。不可避免地，不论年龄和地域，人们会喜欢那些与自己观点相似的人。

在自然情况下也是如此，相似会吸引人。陌生人走向熟识时，友谊并非随机产生。寄宿学校的转校生或被困在掩蔽所里的陌生人，通常最喜欢那些兴趣相投、态度相似的人。我们会喜欢跟自己价值观、追求和品位相同的人接触。

夫妻也是如此，相似带来了包容。夫妻二人越相似，婚姻幸福的可能性越高，离婚的可能性则越低。哪怕在包办婚姻中，这一现象同样存在。乌沙·古普塔（Usha Gupta）和普什帕·辛格（Pushpa Singh）在印度斋浦尔访问了50对伴侣，请他们完成一套爱情问卷，结果发现，因爱而婚的伴侣认为他们对彼此的爱在5

年后开始消退,包办婚姻的双方得到的爱反而**更多**。事实上,10年后,包办婚姻中的爱情反而比自由婚姻更多!

《读者文摘》报道:"异性相吸……爱社交的人往往会喜欢孤独的人,充满好奇的人会喜欢一成不变的人,肆意挥霍的人会喜欢勤俭节约的人,爱冒险的人会喜欢谨慎的人。"我们该如何评价此类流行观点?截然不同的角色能够和谐相处,可以构成许多好故事,比如《柳林风声》中的老鼠、鼹鼠和獾,艾诺·洛贝尔(Arnold Lobel)书中的青蛙和癞蛤蟆,《芝麻街》中的伯特和伊利。我们很喜欢这些故事,因为它们在日常生活中非常罕见。是的,我们也可以想象异性相吸。为了研究互补所带来的吸引力,研究者提出了这样一个问题:比如说,一个专横的人和一个顺从的人共同生活,是不是会比两个顺从的人在一起更幸福?尽管有幸福的反例,但大多数情况下,认为互补产生吸引的研究都失败了。异性恋的人会感到自己的伴侣很有吸引力,但他们的朋友圈基本都是由同性构成的。

因此,在我们不断增加的"破灭神话"清单上,又要加上新的一项:事实上,异性很难相吸,即使产生了吸引力,往往也难以长久。亲密关系的建立与维持,往往产生在两个观点、价值观、需求都相似的人之间,灵魂伴侣往往会喜欢同样的音乐、同样的活动,甚至同样的食物。因此,先知阿摩司说道:"二人若不同心,岂能同行呢?"

婚姻中爱情的第二个要素是性。对性行为的科学研究回答了许多问题,包括多种性行为的普遍性、性反应系统、性取向的决定因素(实际上,是**不能**决定的因素)。然而,性亲密对人类有什么意义?对于性的科学事实,你可能已经有所了解,比如,男性和女性的性高潮的初始痉挛以0.8秒的间隔出现,在性唤起的高峰时刻,女性乳头会增大 10 毫米，收缩压上升约 60 单位，呼吸频率的峰值为 40 次每分钟。然而，很多人可能并不了解性的情感意义。

为了探索性对婚姻幸福的重要性，心理学家开始提问，首先，幸福的伴侣性频率更高吗？性行为能够提供情感满足，这一点在无数爱情小说的高潮中都有所体现。在弗洛伊德之后，更多人相信，性压抑会造成损害，而经常性满足有助于幸福和健康。

幸福真的与性有关吗？两项研究提供了一些支持性证据，研究者要求伴侣们记录下每一周性行为的频率和吵架的次数。结果发现，性行为次数超过吵架的伴侣，基本上都婚姻幸福；反过来，吵架次数超过性行为的伴侣，几乎没有人感到幸福。1989 年，美国民意研究中心调查了美国成年人的性行为，结果发现：婚姻非常幸福的人性生活的频率比婚姻不幸的人高 70%。

那么，增加性生活次数能提升婚姻质量吗？或者说，频繁的性生活其实是婚姻幸福的一个分支？尽管许多研究发现，性频率与婚姻幸福感只有中度相关（有些婚姻幸福的人很少发生性关系），但解决性方面的挫折感确实**能**提升婚姻幸福感。接受性功能治疗后，伴侣们往往会体验到一种全新的性享受，作为一种副产品，婚姻幸福感也会随之上升。芬兰卫生和社会事务部下属的一个委员会研究了健康与性，同样赞成这一观点，在 1989 年的初步报告中提到了性的乐趣，建议人们"尝试在假期中忘记压力，集中精力享受性带来的愉悦和满足"。

明尼苏达大学社会心理学家埃伦·贝尔谢德致力于对亲密关系的探索，她得出了这样的结论，如果有人问她"什么是爱"，同时她"被押到了行刑队的跟前，只要给不出正确答案就会被枪毙"，那她会低声说："爱是 90% 的性需求还未完全餍足。"贝尔谢德谈到的只是浪漫之爱，而 90% 这一数字也可能有所夸大。然而，她的答案十分智慧。如果一个同性恋倾向者与异性恋者结婚，爱与性的交织有时会带来痛苦。他们可能会**喜欢**彼此，一同生儿育女，但缺乏性吸引的婚姻往往也没有爱情。在人类的种族发展史中，性吸引有助于我们祖先的生存，因为它能将一对父母紧紧捆绑在一起。

性生活的质量比数量重要得多。当亲密感超过纯粹的生理愉悦时，性满足感（比性频率更能预测婚姻满意度）会提升。如果生理愉悦能与强烈的亲密感融为一体，性所带来的欢愉也会深刻得多。

因此，性行为其实是一种**社会**行为。通过性行为，我们可能伤害对方，也可能感到两个人几乎"融为一体"。每个人都可以让自己获得生理上的愉悦，通过高潮得到放松，但大部分人都会觉得与所爱之人相拥会更满足。正如哲学家伯特兰·罗素所说："没有爱，人们无法完全满足自己的性本能。"性渴望会驱使我们去接近、去体验，以及去**了解**能帮我们满足这种渴望的人。人类作为大多数情况下一夫一妻制的种族，性是生命的结合，也是爱的延续。在相互忠诚、信任和诚实的契约范围内享受性，有助于表达和满足我们对于亲密爱情的终极需要。

第三个要素是亲密。心理学对"亲密"的理解是自我表露，也就是分享私人感受：包括我们的好恶、梦想与担忧、骄傲与羞愧。古罗马政治家塞涅卡说："我和朋友在一起时，据我看来，就像是独处一样自由，想到什么就可以说什么。"因此，在幸福的婚姻中，信任取代了焦虑，人们不会害怕失去对方的爱，所以可以肆无忌惮地放开自己。婚姻最好的一面就是拥有受到保障的亲密友谊。

亲密的一种形式来自共享的精神性。安德鲁·格里利总结了1988年的盖洛普国家婚姻调查，发现一起祈祷的夫妻有75%感觉婚姻非常幸福，而不太融洽的夫妻只有57%的人感到幸福。从心底里一起祈祷一种非常谦卑、亲密的行为，与其余任何一种深情交流同样亲密。一起祈祷的夫妻往往也会更经常说自己尊重配偶，会一起讨论婚姻，认为自己的配偶是很好的爱人。同样，经常一起参加活动的夫妻也更容易拥有幸福婚姻。

更幸福的是性生活和谐的夫妻中，90%的人报告自己"婚姻非常幸福"（正如我们所见，这些人往往也对生活很满意）。因此，格里利说："性亲密是很有力的结合方式。"

第四个要素是婚姻中的平等。如果伴侣双方都愿意付出和收获，愿意共同决策，喜欢一起活动，就更有机会获得持续的、令人满意的爱情。如果伴侣双方都感到这段关系**不**平等，就会感到痛苦。占据优势的一方可能感到内疚，而劣势一方可能感到不公平。通过对数百对夫妻的调查，艾奥瓦州立大学社会学家罗伯特·谢弗（Robert Schafer）和帕特丽夏·基思（Patricia Keith）确认了这一点。压力和抑郁往往出现在那些认为自己的婚姻不公平的情况下，而不公平往往因为其中一方几乎不做饭、不做家务、不供养家人或不承担陪伴和养儿育女的义务。

婚姻幸福的心理要素包括：相似的心理、温暖的性、社会亲密以及在情绪和物质资源上的平等——这样一来，我们有机会反驳那句法国谚语了，"爱情，让时间匆匆流逝；时间，让爱情匆匆消逝"。婚姻需要努力，如果没有努力经营，婚姻就会走向衰败。我们需要努力，每日雕刻时光，谈一谈日常事务和担忧；我们需要努力，不要每日唠叨争吵，而应倾诉、倾听彼此的伤痛、忧虑和梦想；我们需要努力，**不要**将伴侣的接纳视为理所当然，从而肆无忌惮地将最坏的一面展示给最重要的人，却把友善和礼貌留给陌生人。

许多研究发现，不幸的伴侣喜欢否定、命令、批评、贬低对方，而幸福的伴侣喜欢肯定、支持、赞同对方，也喜欢彼此微笑。想想看，如果不幸的伴侣立下誓言去学习幸福的伴侣，能够挽救一段糟糕的婚姻吗？他们可以少抱怨、少批评，多肯定、多赞许，花一些时间共同讨论婚姻，尝试婚姻中爱的各种行为。

当然，如果不幸的伴侣去模仿幸福伴侣的行为，就会变得更幸福吗？很可能会。态度往往会改变态度，所以，行动往往能推动感情。

但这样做并不容易，尤其是在两个人的承诺不同步的情况下。考虑到我们往往会认为自己的付出比伴侣多，因此，有必要努力做到比自己感觉公平的程度再多一点。耶鲁大学心理学家罗伯特·斯滕伯格（Robert Sternberg）相信，通过这样的努力，"'从此以后幸福地生活在一起'未必只是童话，但如果要让它变成现实，幸福必须建立在这样的基础上，即在一段关系的不同时刻，相互的感受是不一样的。如果你期望激情能够永远持续，或亲密能够永远不变，往往会失望……我们必须不断努力去理解、建设、重构自己的爱情"。

对于那些成功的人来说，认识到爱情是真实的，会带来安全和快乐。智慧的老马对天鹅绒玩偶兔子解释说，如果有人"爱你很长很长时间，不是为了和你一起玩，而是**真**的爱你，那你就会变成**真实的**兔子"。

兔子问："那会受伤吗？"

老马一向很诚实，回答道："有时候会的。但如果你是**真的**兔子，就不会介意受伤。"

"这是瞬间发生的，还是慢慢、一点一点发生的呢？"兔子问。

老马说："不是瞬间发生的，变化需要很长的时间……这就是为什么它不经常发生在那些容易折断、有锋利边缘或必须小心保管的人身上。总之，在你逐渐成为真实的日子里，你会失去大部分可爱的毛发，你的眼珠会滚出来，你身体连接处的缝线会慢慢松散，你会变得很破旧。但是没有关系，因为你变得真实起来，只要真实，就不会丑陋，只有那些不理解的人才会觉得你丑陋。"

第十章

信仰、希望和欢乐

*

欢乐是天堂的大事。——C.S. 刘易斯,《四种爱》

幸福由什么构成？现在，我们已经分辨出了许多不重要到令人惊讶的因素，包括年龄、性别、种族、地区、教育程度以及是否残疾。同时，我们也思考了重要的因素，包括身体条件、睡眠和定期独处、人格特质（如自尊、个人控制杆、乐观和外向）、有助于同一性建构和产生心流的工作及其他活动、亲密并有支持性的友谊和婚姻。

我们揭露了许多谎言，比如认为钱越多就能买到越多快乐。事实上，就在刚刚结束的这几年，物质主义成了统治性的理念。然而，通过宣传个人主义实现致富的美国梦，如今看来，就像一场噩梦。

在此之前，从未有一个世纪像如今这样物资丰富，也没有经历过这么严重的种族屠杀和环境破坏。

在此之前，从未有一个文化经历过这样的舒适与机会，也没有经历过这么广泛的抑郁症。

在此之前，从未有一种技术给我们带来了这么多的便利，也带来了这样恶劣的堕落与毁灭。

在此之前，我们从未如此独立，也从未如此孤独。

在此之前，我们从未如此自由，监狱也从未如此拥挤。

在此之前，从没有这么多人接受过教育，也从未有过这么高的青少年犯罪率、抑郁率和自杀率。

在此之前，我们从未如此习于快乐，也从未如此容易婚姻破裂或不幸。

这是物质上最好的时代，对于人类精神却并非如此。面对因脑癌而可能早逝的情况，布什总统1988年的竞选经理"坏男孩"李·阿特沃特（Lee Atwater）改变了自己的观点：

"我知道，整个80年代都是'获得'的年代——获得财富，获得权力，获得声望。我获得了比大多数人都要多的财富、权力和特权。但即便得到了自己想要的一切，我还是感到空虚。有什么权力比与家人相处多一点时间更重要呢？能与朋友共度一晚，有什么代价不值得呢？我经历了一场致命的疾病，终于认清了这个道理。国家大众现在都陷入了无情的野心和道德败坏之中，如果能从我身上吸取教训就好了。我不知道谁将带领我们度过90年代，但无论是谁，都必须面对美国社会核心的精神真空，这是灵魂的毒瘤。"

杰夫，26岁，单身，是一名广告导演，哪怕在享受最好的时光，他也总能感受到这种精神上的真空：

"过去几年里，我的人生糟糕透了，尽管我拥有很多钱、女人、朋友、各种活动和旅行。我的工作很好，我也很擅长这个。甚至可以说，未来一片美好，今年我很可能会发展得更好，挣到更多钱，拥有想做什么就做什么的自由。但这一切对我来说似乎没有任何意义。我的人生将走向何方？为什么我要做眼前的事情？我感觉自己没有做出任何真正的决定,也不知道自己的目标是什么,完全是被驱使着前进。这有点像是开车上了一条路,开得很好,但不知道为什么要选择这条路,它到底通向何方。"

解决了"**如何谋生**"的问题之后,"**为什么活着**"的问题就会浮现出来。就像杰夫一样,我们可能会想,"这一切有什么意义?"或者在回答完宇宙力学的问题之后,我们可能会像斯蒂芬·霍金在《时间简史》中说的那样想道:"我们和宇宙为什么存在?"

罗纳德·英格尔哈特在其有关价值观变迁的全球性研究中指出,这些问题预示着物质主义价值观的衰落。在西方,新一代人也在逐渐成熟,他们越来越不关注经济增长、社会秩序和强大的国防,越来越重视政治自由、个人关系和自然的完整性。这种新兴的"后物质主义"提供了肥沃的土壤,让人们开始质疑无目的的繁荣、无意义的金钱。"在经济上变得富裕"这一价值观连续 20 年与日俱增,直到 1989—1990 年,美国大学生将其作为重要人生目标的比例终于开始逐步下降。

我们似乎开始意识到,事实上,只有面包是无法生活的。英格尔哈特报告说,"精神价值关注度的复苏"开始了。即将到来的新千年,以及对人类在上一个千年所创造世界的反思,促使人类展开新的视角。当今世界,多元文化不断融合、发展,传统不断失去力量,需要我们定义一种既保守又激进的人生愿景——保护祖辈积累下来的社会智慧,同时,为了我们的个人和环境幸福,必须开辟另一条少有人走的路,而不是一味盲从美国文化中固有的个人主义和物质主义。克里斯·艾微特(Chris Evert)拿下了 146 个网球冠军,在名利双收的巅峰时刻,她嫁给了约翰·洛依德(John Lloyd),并反思道:"我们陷入了陈规套路之中。我们打网球、看电影、看电视,但我总在说,'约翰,应该还可以有更多生活'。"

人们精神饥渴的表现之一是对新时代五花八门关注物的狂热,从保护自然,促进健康,推动合作、和平,精神蜕变,再到连通能量,飞碟,气场解读,协波汇聚项目。对于这些超自然事物的流行,科学家们回应道:"哦,新时代的人们哪,拥有金子般的心,并不需要满脑子羽毛。难道不应该对可测试的主张进行测试吗?我们可以用幕布将一个人挡住,通过气场解读那人或通过观看他头顶光环所在来判断他本人的位置,假设能做到,那就证实了气场解读说。如果做不到,这种主张就是假的。"

我对特定精神传统的描绘也反映了我自己的理解和经验世界,这就是我的个人知识所能描绘的全部。我不认为自己能拥有终极答案(事实上,我相信,每个人的信念在某些方面都是错误的),希望下文能让读者有所反思,有关自己的精神信仰对幸福的作用,或者至少理解、同情信仰对许多人的意义。

弗洛伊德说,实际上,宗教是一种幻觉,会侵蚀心理健康,甚至成为一种疾病——一种伴随着罪恶感、性压抑和情绪压抑的"强迫性神经症"。列举证据无法确定真相(幸福不能证实信仰的好处,因为哪怕是愚人也可能在错觉中感到幸福),但它有助于推动进一步的思考。

信仰和幸福

北美和欧洲的大量调查发现，有宗教信仰的人往往比无宗教信仰者的自我报告更幸福，对生活更满意。而幸福相关的作者假设往往与之相悖，认为宗教要么限制自由，要么与之无关。那么，我们来看相关证据。

盖洛普组织采访了一部分美国人，对比那些"精神承诺"程度较低的人和程度较高的人，这两者的区别在于是否赞成"上帝爱我，尽管我可能无法总是取悦他""宗教信仰是我生命中最重要的影响因素"等说法。研究发现，精神承诺程度高的人说自己"非常幸福"的可能性是其他人的**两倍**。

其他调查也展示了类似的结果。以下是三项大规模调查结果：1982年，对9000名欧洲人进行的调查发现，16%的无神论者、19%的"不信教"者、25%的"宗教信徒"认为自己"非常幸福"。在美国，幸福感比欧洲稍高一些，在"有些"或"不太"信教的人中，31%认为自己"非常幸福"；但在宗教信仰"坚定"的群体中，这一比例达到了41%。20世纪80年代，针对14个国家的16.6万人进行了一项调查，发现从不去教堂的群体中，77%的人对生活"满意"或"很满意"；偶尔去教堂的人中，82%的人对生活"满意"或"很满意"；每周都去教堂的人中，这一比例上升为86%。

很多研究特别专注于老年群体中宗教与幸福感的关系。亚利桑那州立大学的莫里斯·奥肯和威廉·斯托克通过数据统计，发现老人幸福感的两个最好的预测因素是健康和宗教信仰。在宗教上虔诚、积极的老人，往往更幸福、生活满意度更高。一位虔诚的八旬老人说:"当我感到暴躁的时候,会想起从前在主日学校学到的一首古老的赞美诗,《数算主恩》。主的恩典样样都要数,想想你的朋友、家人、健康、希望,死亡岂能将一切决定?"

特里·安德森(Terry Anderson)在黎巴嫩被掳为人质,长达 2455 天,经历了殴打、被蒙眼、长达数月被铐在家具上,但他仍然露出灿烂的笑容,几乎没有痛苦和仇恨。记者们想知道这种力量从何而来,安德森的回答是:来自同伴的支持,来自他的"牛脾气"和"信仰"。后在避难所里,虽然被禁锢在内,他仍然在不断祈祷。

许多研究探索了信仰和应对危机的关系。1988 年,美国民意研究中心一项调查发现,那些近期经历了离婚、失业、丧亲或严重残疾的人,如果信仰坚定的话,相对而言会更幸福。与信仰不积极的寡妇相比,同样近期丧夫但常在教堂做礼拜的妇女报告的幸福程度更高。在孩子有发育性障碍的母亲群体里,宗教信仰坚定的人比无信仰者更不容易患抑郁症。在因婴儿猝死综合征而失去孩子的父母中,有信仰的人比无信仰者更可能在创伤中找到某种意义。杜克大学社会学家克里斯托弗·埃里森(Christopher Ellison)说:"宗教信仰能缓冲创伤对幸福感产生的负面影响。"

我的一个朋友海伦回忆起"我们人生中最黑暗的日子",因为她原本聪明可爱的儿子,在读一年级时患上了麻疹脑炎,智力受损,性格也不再温和。"儿子曾经是我们的骄傲和快乐,现在则表现出了许多无法控制的古怪行为——叫人名字、抢糖果、用任何能想到的方式违抗命令。我们的睡眠总被他打断,曾经幸福的家庭充斥着压力,我感到很无助。"她的解脱始于一位教会会员的支持性电话:"我来带比利一天吧,你需要休息了。"海伦找到了新的视角和新的快乐,她开始呼吁大众关爱特殊儿童、关爱智力残疾成年人的照料者。

这些研究大多来自北美。发现信仰是自我报告幸福感的预测因素之一,似乎有助于人们应对衰老和个人危机。积极的信仰也有助于降低心理障碍的发病率吗?

在某些方面,宗教信仰和心理健康的关系令人印象深刻——比很多社会学家想象中更强烈。在美国,有信仰的人(通常被定义为定期去教堂的人)犯罪、滥用药物和酒精、离婚或婚姻不幸、自杀的可能性比其他人**低得多**。在宗教上很积极的人甚至比别人身体更健康,寿命更长。(具体原因目前尚不清楚,可能是因为他们的生活习惯更健康,如不吸烟、不喝酒、饮食健康等。)

与其他心理健康因素相比,宗教信仰的结果好坏参半。虔诚的人感觉自己不太能掌控自己的命运。(反之,他们可能会认为未来在神的掌控之中。)但他们也不太容易患抑郁症、精神分裂症等心理障碍。

我得加上两点提醒。

第一,信仰和幸福感的关系并非源自宗教信仰的基础本身。信仰的核心问题应该是真实:如果一种宗教理解被认为是真实的,但会令人不安,那么诚实的人岂会不去信仰它?如果知道它并非真实(虽然令人舒适),那么诚实的人又岂会去信仰它呢?如果上帝不存在,我想有人可能会争辩说,别的神还存在;只要你有信仰,具体信仰什么其实无关紧要。宗教可以是一种自我治疗的方式。但毫无疑问,故意编造的信仰是苍白的,更像是一种模糊的精神,而非坚如磐石的信仰,后者会让人相信自己的宇宙观真的抓住了重要的真理。真理,以及人们对它的信任都很重要。

第二，研究结果和人类历史都告诉我们，信仰很难保证幸福。我们只需看看那些充满信仰的英雄，就能发现没有人注定拥有"良好的调适"，也没有人能摆脱负面情绪。在《新约》中，耶稣及其追随者对不公平感到愤怒，对危险感到焦虑，对死亡感到悲伤。没有人能自命不凡地宣称："我是如何找到自我完善和幸福的。"在《旧约》中，约伯提醒我们，上帝的子民也未必事事称心如意。不论信仰与否，我们的情绪和基因都会产生影响，我们所爱的人可能遭受挫折和悲剧，而且每个人都固有一死。正如理论学者莱因霍尔德·尼布尔所说，任何信仰系统都建构在能从自然力和人类激情中得到特殊保护的希望上，而这一希望"注定会幻灭"。

信仰提供了什么

尽管信仰不能承诺人们逃避痛苦和压力，但正如我们所见，它却能在危急时刻提供快乐和力量。这是怎么做到的呢？为什么研究者能发现信仰、心理健康和幸福感的正相关关系？

我们都受益于充满关爱的社会关系，受益于意义感，受益于体验谦逊而深层的接纳，受益于超越自我的关注点，受益于对灾难，尤其是对死亡的看法。接下来的内容既依赖于经验主义的科学，也依赖于传统信仰，这并不是说我的职业和精神传统本身就抓住了真理，也不是说其他传统无法满足这些（或其他）需求。我的目标只是从研究结果和人们的体验中，具体地阐明积极的宗教信仰如何满足人类的深层需求。

两三个人的聚会。这本书的重点之一是关注我们为自力更生的个人主义付出的代价。宾夕法尼亚大学研究者马丁·塞利格曼将如今很广泛的抑郁症归因于"泛滥的个人主义……不在乎大众利益"。

我们的期望值猛增,然而,人生不可避免地充满了个人失败、股票大跌、被喜欢的人拒绝、论文写得很差、没找到想要的工作、演讲失败,等等。大型"慈善机构"(如宗教、国家、家庭)能帮我们应对个人的失去,为我们提供希望的框架。在这些情况下,没有信仰,我们很容易将个人失败视为毁灭性的灾难,它们看起来好像会持续到永远,损毁整个人生。当代人特别强调自我,这导致在遇到不幸、失去和失望时,人们更容易将问题归因于自己,从而感到抑郁。

重视个人主义,失去对机构的信仰(包括对国家和家庭的信仰),二者本身都会增加抑郁症的可能性,二者的结合则可以说是抑郁症大流行的万全之策。

但并非一直如此。1630年,约翰·温思罗普(John Winthrop)带领第一支清教徒队伍登陆美国。登陆塞勒姆港之前,他在甲板上对伙计们说了一段话。他描述了他和追随者希望能建设的公共生活:"我们应该互相喜爱、互相帮助、同欢喜、共悲哀、一起劳动、一起上进,始终将我们的社区视为同一个团体。"

加州大学的社会学家罗伯特·贝拉(Robert Bellah)及其同事采访了一小部分美国人,他们都为现代个人主义的极端性感到惋惜。当代人为自己的成就自豪,但在鲜有人承认的生活领域内,他们知道,有些东西缺失了。"约翰,应该还有些什么。"贝拉认为,缺失的一部分是联结感、归属感、相互性,以及自己是某个群体中一部分的感觉。

心理学家米哈里·契克森米哈赖认为，终极的幸福是拥有一个压倒一切的重要目标，具有统一的人生主题，这个目标和主题能让我们的每一个小目标都充满意义。比如说，某个人童年时的不公平经历点燃了他的决心，让他考取了法学院，最终成为呼吁国家公民权利的领导者；有些人的人生主题可能是教育、创造、发现、学习。就如马丁·路德·金的宣言："我的责任是做对的事，其他则交在神的手里。"

两千年前，犹太人希勒尔（Hillel）同样主张关注超越自我的事物："从自我开始，切莫以自我告终；从自我着手，切莫以自我为目的；理解自我，切莫只顾自我。"这种对超越自我的事物的承诺感往往源于社区生活。如果说，我从自己十年的小组讨论实验中有所领悟，那就是：人们互动交流时，共有的想法会被放大（这一过程我们可以称为"群体极化"）。这种相互强化可能会产生可怕的后果，比如说，心怀不满的激进主义者凑到一起相互鼓励，就可能产生恐怖主义。这也可能是有益的，比如强化自助小组成员的决心。维持一份纯粹的个人信仰，坚持做一个少数派，可能会很困难。

谦逊与终极接纳。在自我价值方面，现代智慧总在督促我们，"去追啊！"鼓励人们伸手去摘星星，相信最好的自己，不要让自己感知到的缺点来限制自己，可尽情做梦，追求最完美的爱情，追寻最欣喜若狂的快乐。培养充满创造力的成功的孩子。拼命赚钱，赚比想象中还要多得多的钱。最重要的是，用积极的肯定来取代消极的内在声音。积极思考，积极说话，积极感受。你能做到。银行账户越来越满，孩子越来越优秀，名望越来越高，外貌越来越令人满意——一旦这些野心实现，你就会幸福、安全、宁静。

正如我们所见，积极思考是相当明智的。肯定积极的思考有很充分的理由，但还得提醒大家：并非每一个梦都会成真。我一生中最好的朋友是我的大学室友丹·凯茨，他性格可爱、十分体贴。我们俩是很好的朋友，当时各自的未婚妻关系也很不错。各自在大学结婚之后，我们两对夫妻经常串门，分享欢笑和梦想。大学期间，丹本来想当医生，这一梦想破灭了。曾经有人认为他当不了医生，但他对此充满信心，最后却失败了。没有医学院愿意录取他，丹失望极了。尽管如此，他还是振作起来，将自己的生物学知识用于教学，希望成为一位高中导师。他的希望再次破灭了。尽管妻子、朋友和学生都很爱他，但梦想破灭再加上徒劳感、无价值感，丹在一个夏天将车开上了西雅图高速公路，然后去了一个峡谷。他拔出枪，将子弹射入了自己的心脏。

对于那些为自我价值而奋斗的人来说，还有一条更古老、更矛盾的道路——退后一步。放下虚荣吧，像小孩子一样质朴。面对你的精神贫乏和空虚。认识到每个人最终都会让你失望，最终都无法满足你的情感需求。没有人会以你希望的那种方式来爱你，米戈农·麦克劳克林（Mignon McLaughlin）说："没有人会用自己渴望得到的方式去爱别人。"

信仰能提供"难以言喻的安慰"，然而要获得这种安慰，首先要面对的是沮丧。威廉·詹姆斯指出，讽刺的是，自尊的上升源自虚夸的下降。

我们的自我感觉来自这样一个公式，分母是虚夸，分子是成功，也就是说，自尊＝成功／虚夸。

因此，要提高自尊水平，可以通过增加成功，也可以通过降低虚夸。放弃虚夸和满足它同样是一种幸运的解脱。失望永无止境，斗争永不停歇——人类总是如此。当我们放弃为永葆青春、永远苗条而努力的时候，那该有多美好啊！可以说，这些幻觉都消失了。加诸自我之上的一切都是一种负担，也是一种荣耀。

承认自己的骄傲和缺点是一种解放。我永远不可能成为一个伟大的演说家，不可能成为公司的头号领导者，也不可能成为伟大的运动员，这种说法可能会在短时间内让自己沮丧，但长期来看却能带来自由。对于日常生活中无法完成的事情，我们不再感到罪恶，也不需要怪罪自己或别人。我们可以更自由地关注自己能做的事情。匿名戒酒互助协会共有12个步骤，第一步就是承认自己的无助、绝望和无力。每一次聚会，人们都需要站起来陈述："我叫乔，我是个酒鬼。"前进始于后退。

学会自我接纳。激进而自由的含义是：不再需要以我们的成就、物质福祉或社会认可来定义自我价值。要获得自我接纳，我们不需要成为其他人，也不需要做任何事，我们只需要接纳自己，无条件而彻底地接纳自己。

匹诺曹的故事表达了我们对接纳的需要。匹诺曹仔细思考自己的一生，陷入了关于自我价值的困惑，开始了痛苦的挣扎。最后，他转向他的制作者盖比特，说道："爸爸，我不知道我是谁。但如果你觉得我没有问题，我想我也会这样觉得。"我被人接纳了，所以也可以接纳自己现在的模样，这就像一次美妙的体验——有人知道了我们内心深处的隐秘想法，仍然觉得我们很可爱。这就是为什么在最好的关系中，我们不再觉得有必要为自己辩护，也不必保持警惕，因为我们可以自由地做自己，而不必担心失去对方的尊重。我们不需要创造或证明自我价值，只需要去接纳它。放弃虚荣和幻想，然后接受我们一直努力想要得到的。

聚焦他人的需求，我们也可以找到超越自我的意义。

记者马尔科姆·马格里奇（Malcolm Muggeridge）曾为BBC采访过特蕾莎修女，随后，他去加尔各答拜访她。记者问："我发现，你和你团队中的数百名姐妹看起来都很幸福，这是假装出来的吗？"特蕾莎修女回答："哦，不，完全不是。真正向一位受了重伤的人伸出援助之手，是全世界最幸福的事。"

好像是为了检验特蕾莎修女的想法，心理学家伯纳德·伦姆兰（Bernard Rimland）做了一个实验。他让216名学生列出10个自己最了解的人，将这些人的姓名首字母写下来。然后，他让他们指出每个人看起来是否幸福。最后，他让他们再说明这些人看起来是否自私（只在乎自己的利益还是会为他人着想）。令人震惊的是，被认为无私的人中，有70%的人被认为幸福；被认为自私的人中，有95%的人被认为**不**幸福。这种悖论令伦姆兰十分吃惊，他说："从定义上看，自私的人应该会采取各种**令自己幸福**的行为，而无私的人则更愿意令他人幸福。然而，至少在他人的判断中，自私的人获得幸福的可能性远远低于无私的人。"

那么，这是为什么呢？为什么利他者比自私者更幸福？当然，原因之一（也是我写这本书的原因）是幸福会令人更关注他人，更具有利他主义精神。但反过来也是一样，行善会让我们感觉更好。利他主义有助于提升自尊水平。让视线离开自己，也能让我们不那么忧心忡忡，更接近物我两忘——后者正是心流状态的特点。

我们谈到了信仰与幸福、利他与幸福的关系，那么，能将信仰与利他联系起来，形成一个循环吗？特蕾莎修女证明了这一联系的可能性。

埃里克·利德尔（Eric Liddel）是个年轻的苏格兰人，奥斯卡获奖影片《烈火战车》让世界记住了他，他不愿在周日参加跑步比赛，放弃了可能拿到奥运会100米金牌的机会。他被祖国视为叛徒，但后来却打破了400米的世界纪录，获得金牌，令所有人震惊不已。尽管利德尔以国家英雄的身份荣归故里，受到了爱丁堡民众的欢迎与追捧，但其更伟大的英雄主义却是从电影结束时开始的。他避开了名利，也放弃了下一届奥运会，远离聚光灯，前往别的国家当了一名传教士。

他温暖爱笑，性格宜人，常以和平使者的身份帮助人们。1943年，日本侵略者包围了他和另外1800名外国人，将他们关押在了中国山东的一个大院里。在接下来的几个月中，他展现了"最杰出的人格"，始终保持乐观，"面带微笑"。利德尔组织了游戏和礼拜，教孩子们科学知识，帮助一位俄罗斯女子。

大家都说，利德尔的信仰、快乐和利他主义构建成了一个完整的循环。他能与被人看不起的女性交朋友，尝试为她们和其他人弥合分歧。他能为老年人背负重担，也能为了孩子们的运动装备卖掉自己的奥运会金牌手表。他为贫困和饥饿所苦，默默承受着头痛和沮丧，这些都是一种脑部疾病的早期症状，人们没有发现他正在生病，病魔却在集中营解放前几个月夺走了他的生命。当他躺在他的朋友——护士安妮·布坎（Annie Buchan）的怀中时，他说出了自己的遗言："安妮，这是彻底的屈服。"然后他陷入昏迷，在几小时后去世了。消息传回他的家乡时，整个苏格兰都在悼念失去的英雄。

特蕾莎修女、埃里克·利德尔，以及无数谦逊的人们，都证明了有一种爱可以从屈服的生命流向超越自我的意义。他们可能没有过过"美好的生活"，但他们无疑过着"很好的生活"，这种生活以目标、和平和欢乐为标志。

永恒的视角。利德尔在忍受贫困和死亡威胁时仍能感到喜悦,这是他信仰的另一方面所支撑的——他**希望**痛苦和死亡不是最后的答案。我所在的大学以"希望之锚"为标志,我想,很适合用塞缪尔·约翰逊的提醒来总结本书:"希望本身就是一种幸福,也许还是这个世界提供给我们的最大幸福。"若干年前,有人问年轻的德国人,最美丽的人类词汇是什么?排在前面的答案不是"喜悦""爱",也不是"幸福",而是"希望"。

我相信,不管怎样,最终,到了最后的终点,一切都会好起来的。

从远期未来的角度来看待生活中的问题,有助于应对眼前的麻烦——等待延误的飞机、汽车抛锚、番茄酱弄脏了衬衫、家庭争执等等。这样一来,许多令人恼火的事情都可以被看作微不足道的、暂时的刺激。帕斯卡认为,发现人们仅仅因为冒犯和不便而愤怒、绝望,或是对"极重要的事情"漠不关心,都一定"很可怕"——这当然是对的。

一位英国退伍军人与前往俄罗斯的护航队一起驶过德国潜艇出没的冰冷水域后,他回忆了自己"极重要的"经历:"有两件事我永远不会忘记。其一是夜晚海面上回荡着喊叫声,而你却无法停下来去救他们……其二是人们在家里的商店抱怨的声音。"

其次,希望拥有超越死亡的生命,能帮我们战胜可怕的敌人——死亡。斯基德莫尔大学的心理学家谢尔顿·所罗门(Sheldon Solomon)、亚利桑那大学的杰夫·格林伯格(Jeff Greenberg)、科罗拉多大学科罗拉多斯普林斯分校的汤姆·皮兹钦斯基(Tom Pyszczynski)认为,所有的世界观都是为了应对"我们对脆弱性和死亡的认识所导致的恐怖"。文化世界观定义了如何过上美好而有意义的生活，以及如何希望获得意义、超越死亡。不同的信仰提供了不同的道路，但每种信仰都给人们一种感觉，即他们或他们所属的意义能在死亡后幸存下来。因此，每种信仰都谈到了我们的最终目标：自我保全。

面对死亡的恐惧，认识到生命的无常，也能为此时此刻增加价值。在情感上自由地承认人生的脆弱性，明白凡人终有一死，这有助于让我们欣赏眼前的生活。面对死亡比否认死亡更有助于我们面对生活。贝蒂是个24岁的女孩，患有晚期白血病，她能够正面凝视死亡，珍视眼前的每一天，"当你认为未来还有很多年的时候，就很容易忘记很多事。你会对自己说，明年春天我再停下来，闻闻花香。但是当你知道生命所剩的时日无多时，**今天**你就会停下来闻闻花香，感受温暖的阳光"。作为一个以未来为导向的人，我经常提醒自己回想帕斯卡的话，我们太常将过去和现在仅仅视为通往未来的手段了。"因此，尽管我们希望活着，却从未好好生活——就像我们总在为幸福做准备，却永远无法拥有幸福。"

在圣诞贺信中，一位73岁的朋友深深思考了自己的死亡："今年夏天，我有三位亲密朋友去世了，这让我们越发意识到时光飞逝。天国将近，也让我们更清晰地觉察到永恒与当前生活的关系。反过来，这种思考会让我们更加感恩，并在其他方面丰富我们的生活。然而，很多人会避免这样的反思，尽量让自己的脑海中充满……嗯，别的东西。"这样的人非但无法享受每一天的快乐，反而整日徘徊，吹毛求疵。

幸福的本质是停下来品味此时此刻的美妙。对我来说，这意味着享受每一天、每一刻，从早茶和麦片开始，到埋头写文章，再到夜晚与卡罗尔相互依偎着聊天、入睡。幸福不在未来，而在于今天与朋友共进午餐、与孩子分享睡前故事、与一本好书的缱绻相逢。

最后，永恒的视角鼓励我们相信，人的生命是有价值的。值得永远保存的东西必须具有终极价值。此外，充满和平、正义与爱的愿景，指引着我们投入当下。它定义了一个理想世界（回到当下的愿景），并让人们有勇气朝着这个世界努力。因此，马丁·路德·金可以宣布，"我有一个梦想"，一个对未来现实的愿景，一个从压迫和苦难中解放出来的世界。有了一个值得为之而死的梦想，有了一个即使死亡也无法摧毁的希望，他说："如果说，为了让我的兄弟姐妹从灵魂的永久死亡中解脱出来，我就必须付出肉体死亡的代价，那么，没有什么比这更值得的救赎了。"

正是这一梦想，这一永恒的视角，让德国人迪特里希·邦霍夫(Dietrich Bonhoeffer)在纳粹监狱里煎熬了两年，然后因为反对希特勒而被处决；让萨尔瓦多唯一一位有博士学位的心理学家伊格纳西奥·马丁－巴罗(Ignacio Martin-Baro)在经历了六次刺杀后，继续发布揭露萨尔瓦多贫困和压迫的数据，最终与两位助手一起被军事行刑队枪杀。

总的来说，信仰能提供共同纽带、深刻的目的感、最终接纳感、有意义的利他主义挑战和永恒视角，而这些都有助于提升幸福感。特蕾莎修女、埃里克·利德尔、马丁·路德·金、迪特里希·邦霍夫、伊格纳西奥·马丁－巴罗……这些人都被骗了吗？我们如何确定，信仰不是人们为了避免陷入无价值、徒劳无功、不可救药的感受，而制造出来的闹剧、幻觉或麻醉剂？

我们无法确定。此外，诚实地说，"相信""信仰""希望"这些词汇都得承认其不确定性。2+2=4，不需要**相信**；扔起来的球终会落下，不需要**信仰**；昼夜轮替，不需要**希望**。我们**知道**，这些事物具有确定性。在更终极的事物上，这样的确定性很难得到。

对于那些与真实搏斗、心中充满不确定、在信仰与否的十字路口徘徊的人，第二个问题是，究竟哪条道路能通向欢乐？信仰是将自己的生命押在一种世界观上，这种世界观能够理解宇宙，赋予人生意义，在逆境和死亡面前提供希望，也能提供活在当下的洞见和勇气。我的实证科学工具无法证明任何信仰的真假，也没有人去研究哪种信仰带来的喜悦超过别的信仰。幸运的是，希望拥有信仰的人不需要在获得证据之后，再深思熟虑地冒险跨越不确定的鸿沟。我们结婚，是因为**希望**生活更幸福；我们选择某种职业，是因为**相信**它能令人满意；我们坐飞机，是因为**信任**飞行员和飞机。同样，知道我们的基本信念可能是错误的，也不需要去过骑墙的生活。作家阿尔伯特·加缪（Albert Camus）说，生活需要我们对51%确定的事情做出100%的承诺。意识到我们可能犯错，有助于在将生命押在一个有价值的，能滋养和平、爱、正义和喜悦的希望之上时，保持谦逊和开放。

结语

通过仔细探索数百项有关幸福感的艰苦研究,我们首先否定了一些流行的错误观点:

很少有人真正幸福;
财富可以买到幸福;
悲剧(如致残事故)会永久性地毁掉幸福;
幸福源于强烈但罕见的积极体验(田园诗般的假期、热烈的浪漫、充满喜悦的胜利);
青少年和老人是最不幸福的人;
四十出头的时候,很多男性体验了创伤性的中年危机;
孩子离开家的时候,母亲往往会出现空巢症状;
幸福感存在性别差异;
女性工作会破坏婚姻质量;
阈下录音是一种快速修复幸福的方法;
人们往往感到自卑,而不是优越、自尊;
如今,由于悲惨的婚姻更容易以离婚告终,所以婚姻幸福水平变高了;
试婚可以降低未来离婚的风险;
性格互补的人更容易相互吸引,并且会不断发现彼此的魅力;
一半以上的已婚人士会出轨;
宗教信仰会压抑幸福感。

以下事物确实能提高幸福感：

健康的身体、合宜的体形；

现实的目标和期望；

积极的自尊水平；

控制感；

乐观；

外向；

具有支持性的友谊，相互陪伴、相互信任；

亲密、性和谐、平等的婚姻；

有挑战性的工作、积极的休闲活动，同时拥有充分的休息和逃避空间；

提供公共支持、目标、接纳、外在聚焦和希望的信仰。

我写这本书，更多的是为了告诉大家一些信息，而不是命令或建议大家去做些什么。就像《消费者报告》[①]一样，不是为了告诉大家买什么——因为这取决于每个人的个人需求和环境，但如果我们在做决策之前不去了解一下相关信息，就实在太莽撞了。同样，对于这些有关幸福的新信息，也希望大家不要自命不凡、毫不关心。你我可以运动，保证睡眠时间，做一些有助于自己感恩的比较，为了加强控制感而管理时间，尝试表现出自己想要拥有的人格特质，

---

① 一份由美国消费者联盟主办出版影响消费者文化的杂志，致力于公正的产品测试、新闻调查、面向消费者的研究、公共教育和消费者权益保护。旨在提供信息，用来帮助消费者评估产品的安全性和性能。——译者注

建立亲密关系，努力去维持爱情（而不是将其视为理所当然），计划投入更多的休闲活动（不要太被动），投身于积极的信仰——甚至是致力于重塑我们的文化，以促进名利买不到的幸福感。

好吧，这些很难同时做到。但如果我们真的希望发现更大的安宁与喜悦，确实可以尝试按这些步骤去做。

如果越来越多生活在苦难中的人能够分享大多数人所享有的幸福，那么会带来很多好处。抑郁症、毒品潮、性侵犯、家庭暴力、偏见、婚姻破裂，以及对自己和他人的其他暴力行为，构成了当代生活的缺陷。物质主义和个人主义用虚假的承诺欺骗了我们。

这本书相当激进，挑战了固有的西方文化假设；同时又很保守，因为它重申了古老的智慧。幸福感存在于有规矩的生活方式、忠诚的关系以及对他人和自己的接纳之中。体验深层的幸福感，就是要自信、自觉、自我牺牲而又自我尊重，既要面对现实又要对未来满怀希望。